U0944363

300kA 预焙阳极电解槽槽寿命及其影响因素

任必军　戴松灵
陈世昌　石忠宁　著

北　京
冶 金 工 业 出 版 社
2008

内 容 简 介

为了延长300kA大型槽的使用寿命和完善综合控制技术，本书介绍和阐述了在伊川铝厂新建和电解槽大修及生产过程中研究开发的系列新技术。内容包括：电解槽焙烧启动综合技术开发；电解槽过热度控制技术；侧部不停槽修复炉帮技术；不同比例高石墨质阴极、全石墨化浸渍阴极硼化钛涂层等技术；以过热度与氧化铝浓度控制为中心，以零效应为目标的电解槽综合控制技术等。

本书可供铝电解生产管理人员、技术人员阅读，也适合从事铝电解工业研究的工作人员参考。

图书在版编目（CIP）数据

300kA预焙阳极电解槽槽寿命及其影响因素/任必军等著.—北京：冶金工业出版社，2008.5

ISBN 978-7-5024-4497-6

Ⅰ.3…　Ⅱ.任…　Ⅲ.预焙阳极—预焙电解槽—寿命—研究　Ⅳ.TF821.327

中国版本图书馆CIP数据核字（2008）第053996号

出 版 人　曹胜利

地　　址　北京北河沿大街嵩祝院北巷39号，邮编100009

电　　话　（010）64027926　电子信箱　postmaster@cnmip.com.cn

责任编辑　李培禄　王　楠　美术编辑　张媛媛　版式设计　张　青

责任校对　王贺兰　责任印制　牛晓波

ISBN 978-7-5024-4497-6

北京铁成印刷厂印刷；冶金工业出版社发行；各地新华书店经销

2008年5月第1版，2008年5月第1次印刷

148mm×210mm；7印张；204千字；210页；1-2500册

28.00元

冶金工业出版社发行部　电话：（010）64044283　传真：（010）64027893

冶金书店　地址：北京东四西大街46号（100711）　电话：（010）65289081

（本书如有印装质量问题，本社发行部负责退换）

序　言

铝电解工业经过100多年的发展，技术创新不断进步，但是其基本原理仍然没有改变，电解质仍是Na_3AlF_6-Al_2O_3体系，阳极和阴极材料仍为炭素材料。现代大型铝电解槽电流强度越来越大，电解槽的各项生产指标均有很大的提高。

近几年来，我国电解铝工业发展迅猛，产能由2001年的394.6万t增加到2006年的1200万t，产量则由337.14万t增加到936万t，如此快速的发展得益于采用先进的铝电解装备和技术，同时大型预焙阳极电解槽及高效的计算机控制技术、新材料的使用满足了我国电解铝工业发展的需求，为我国铝工业的国际化奠定了坚实的基础。

近年来，世界铝电解技术围绕节能降耗、延长槽寿命等方面进行研究，在环境友好型、可持续性发展方面做文章。也正是在这样大好的环境下，伊川电力集团的电解铝产业得到快速的发展。伊川铝厂是我国第一个采用单系列20万t的300kA电解槽系列。目前，伊川铝厂已形成60万t的生产能力，积累了丰富的实践经验，开发了一系列铝电解新技术，取得了一定进展和成就。

任必军同志作为伊川电力集团总工程师，见证了伊川铝厂的成长过程，伊川铝厂做大做强凝聚了他的汗水和心血。他多年从事电解铝技术工作，并师从我国铝电解先驱、著名冶金学家、教育家、中国工程院院士邱竹贤教授，攻读博士学位，本书既是他多年来从事铝电解的工作经历与经验总结，也是他攻读博士学位科研工作的应用成果。希望本书的出版能够促进我国铝工业技术进步与发展。

董振义

2007年12月6日于伊川

目 录

1 绪论 …… 1

1.1 铝电解工业大型槽现状 …… 1
1.2 中国铝电解的特点及300kA电解槽与国外差距 …… 3
1.3 SY300kA电解槽的特点与应用 …… 5
1.3.1 技术背景 …… 5
1.3.2 成功应用企业介绍 …… 6
1.3.3 SY300kA电解槽设计特点 …… 7
1.3.4 SY300kA电解槽实际参数 …… 9
1.4 伊川第二电解铝厂电解槽的改进 …… 12
1.4.1 槽壳设计 …… 12
1.4.2 电解厂房的通风模式 …… 14
1.4.3 其他技术改动 …… 19
1.5 未来300kA电解槽技术开发思路 …… 19
1.5.1 电解槽电极新材料改进 …… 19
1.5.2 综合控制技术 …… 20
1.5.3 生产管理目标 …… 20
1.5.4 技术开发措施 …… 20
1.6 本书拟研究的内容 …… 21

2 电解槽炉帮形成与碳化硅侧块破损 …… 23

2.1 300kA电解槽侧部炉帮形成仿真 …… 23
2.2 碳化硅使用状况与优化 …… 28
2.2.1 侵蚀状况 …… 28
2.2.2 材料的优化 …… 34
2.3 碳化硅侧块破损机理 …… 34

2.3.1　电解质液-气界面氧化破损 …… 34
2.3.2　电解质和铝液界面破损 …… 35
2.4　工艺改进 …… 37
2.4.1　过热度控制 …… 37
2.4.2　解决阳极炭块掉渣问题和电解质中炭粒分离技术 …… 37
2.4.3　电解槽内衬材料导热性能的检测 …… 37
2.4.4　开发开槽阳极 …… 38
2.4.5　优化焙烧启动技术与工艺 …… 38
2.4.6　生产管理工艺 …… 38
2.4.7　碳化硅侧块破损的标志 …… 39
2.5　工业生产的对策与措施 …… 39
2.5.1　操作工艺 …… 39
2.5.2　300kA 电解槽侧部破损的维护 …… 39
2.5.3　补救措施 …… 40
2.6　炉帮形成的成功经验 …… 40
2.7　本章小结 …… 44

3　阴极破损机理与阴极新材料应用 …… 45

3.1　电解槽早期破损分析 …… 46
3.2　工业剖炉实验与破损机理分析 …… 47
3.2.1　阴极炭块表面和横断面破损情形 …… 47
3.2.2　破损阴极炭块局部分析 …… 50
3.2.3　破损机理 …… 52
3.3　阴极新材料的应用试验研究 …… 56
3.3.1　不同类型的炭阴极材料的应用 …… 57
3.3.2　不同类型硼化钛阴极涂层的试验 …… 59
3.3.3　结果与讨论 …… 61
3.4　阴极炭块的特性与国内外差距 …… 67
3.5　技术经济分析 …… 72
3.5.1　新大修槽阴极压降比较 …… 72
3.5.2　建厂时原电解槽阴极压降 …… 73

3.5.3　大修槽比较 …… 74
3.6　延长槽寿命的措施 …… 76
3.7　本章小结 …… 78

4　铝用炭阳极新技术应用与降低炭耗 …… 79

4.1　铝用阳极新技术 …… 79
4.1.1　惰性阳极 …… 79
4.1.2　阳极保温料 …… 79
4.1.3　阳极开槽 …… 81
4.2　阳极开槽试验 …… 85
4.3　电解槽炭渣减少技术 …… 89
4.3.1　技术措施 …… 91
4.3.2　管理措施 …… 91
4.3.3　具体操作措施 …… 91
4.3.4　技术应用后的效果与分析 …… 92
4.4　提高阳极周期生产实践 …… 95
4.4.1　阳极消耗 …… 95
4.4.2　阳极质量的提高 …… 96
4.4.3　阳极炭块理化指标 …… 100
4.5　本章小结 …… 102

5　氧化铝含量控制理论 …… 103

5.1　问题的提出 …… 103
5.2　氧化铝的溶解过程 …… 105
5.2.1　氧化铝的溶解速度 …… 106
5.2.2　温度对氧化铝溶解速度的影响 …… 107
5.2.3　试验室氧化铝的溶解过程 …… 107
5.2.4　工业电解槽中氧化铝的溶解 …… 109
5.3　氧化铝含量控制 …… 111
5.3.1　槽温对氧化铝含量的影响 …… 111
5.3.2　氧化铝含量的计算机控制 …… 115

5.4 阳极效应与零效应控制 …… 124
5.5 本章小结 …… 128

6 氧化铝含量模糊控制技术 …… 129

6.1 氧化铝含量控制技术 …… 129
6.1.1 氧化铝含量控制模型 …… 129
6.1.2 氧化铝含量控制策略 …… 133
6.1.3 氧化铝含量控制实例 …… 135
6.1.4 阳极效应控制 …… 135
6.2 温度控制与分子比调整 …… 137
6.3 槽噪声、针振、波动槽控制 …… 137
6.3.1 电压针振自动识别原理 …… 138
6.3.2 电解槽槽压波动自动处理 …… 138
6.4 本章小结 …… 140

7 300kA 电解槽过热度控制 …… 141

7.1 过热度控制理论 …… 141
7.1.1 过热度的意义 …… 141
7.1.2 过热度控制方案 …… 143
7.2 过热度控制数学模型 …… 145
7.2.1 初晶温度的计算 …… 145
7.2.2 过热度控制模型 …… 146
7.3 过热度与炉帮的关系 …… 149
7.3.1 电解槽能量的变化 …… 149
7.3.2 过热度及炉帮的变化关系 …… 151
7.4 国内外过热度控制应用实例及存在问题 …… 154
7.5 过热度控制实践 …… 157
7.5.1 阶段响应试验方法 …… 159
7.5.2 模型优化及控制试验 …… 163
7.5.3 试验结果 …… 165
7.6 过热度寻优 …… 168

7.7 本章小结 …… 175

8 专家诊断与综合控制试验 …… 176

8.1 电解生产数据的多维分析系统 …… 176
8.1.1 在线分析处理 …… 176
8.1.2 铝电解槽生产辅助分析系统 …… 177
8.1.3 智能向导 …… 177
8.1.4 维的设计 …… 178
8.1.5 铝电解槽生产辅助分析 …… 178
8.2 自适应模糊专家系统 …… 183
8.2.1 模糊专家系统软件的开发 …… 186
8.2.2 数据预处理模块开发 …… 186
8.2.3 模糊专家系统 Feside 的特点 …… 188
8.3 铝电解槽生产模糊专家规则库的自适应 …… 189
8.4 综合控制技术试验情况 …… 189
8.4.1 上海贺利氏电测骑士有限公司九区控制试验 …… 190
8.4.2 北方工业大学专家诊断系统试验 …… 192
8.4.3 沈阳院氧化铝浓度模糊控制 …… 194
8.4.4 综合控制技术整合试验 …… 196
8.5 本章小结 …… 199

参考文献 …… 200

1 绪 论

1.1 铝电解工业大型槽现状

铝电解工业经过100多年的发展，采用的电解质体系仍然没有改变，即Na_3AlF_6-Al_2O_3体系，阳极是炭素阳极，阴极几经改进，现在朝着全石墨化方向发展。现代大型铝电解槽电流越来越大，电解槽的各项指标均有很大的提高。世界铝电解技术近年发展方向和最新研究课题主要包括大电流、强化电流、增产节能、开槽阳极、惰性阳极、可湿润阴极、槽寿命、计算机控制、环境保护、综合利用、降低成本等。

2002年全球生产原铝2612万t，160～300kA容量的电解槽为主力槽型，其中中国生产原铝433万t，占全球原铝产量的16.6%，原铝产量继续位居世界第一位。中国2002年有133家电解铝厂，规模在100kt/a以上的企业只有10家，占总产量的36.8%；规模在200kt/a以上的铝厂只有青海铝厂、贵州铝厂和青铜峡铝厂；平均规模在31.8kt/a以上的企业有35家，平均规模在30kt/a以下的企业有98家。

西方发达国家的原铝生产主要集中于加拿大铝业公司、美国铝业公司、俄罗斯铝业公司、法国铝业公司、挪威海德鲁铝业公司等大型企业集团，主要槽型为AP18、AP21、AP30、Hydro23和CD200等，单系列产量为100～250kt/a。中国加入WTO后，电解铝工业进一步发展，面临着做大做强的机遇。为了增加企业的竞争能力，需要建设一批技术起点高、装备先进、规模大的铝电解系列；需要采用大型预焙阳极电解槽技术，以满足中国电解铝工业全球发展战略的需求，为中国铝工业的国际化奠定了坚实的基础。

20世纪90年代，建成的电解铝系列（除中国外）80%采用了法国Pechiney公司的AP30技术，特别是300kA预焙阳极电解槽几乎全部采用AP30技术，电解铝单系列产能达到250kt/a。Kvande[1]曾对25

年来电解铝工业进行了总结与回顾。Alcoa P-225 电解槽到 1980 年已运行 10 年，法国 Pechiney 280kA 电解槽于 1986 年启动，1998 年 AP30 电解槽在加拿大运行的电流为 325kA。中国为 320kA，俄罗斯为 255kA 和 300kA，挪威 Hydro350kA 电解槽均是自己开发的电解铝技术。尽管 Alcoa 成功地试验 450kA 电解槽，但尚未使用；法国 Pechiney 400kA 电解槽于 1989~1993 年启动直至 1995 年，2000 年电流达到 500kA[2~12]。AP30 和 AP35 采用了开槽阳极、全石墨化阴极和新型过程控制系统[13,14]，早在 20 多年前，日本已将预焙槽每千克铝直流电耗降至 12.2kW·h[15]。电流效率由 1980 年 93%~94% 提高至现在的 95%~96%，槽寿命由 1500d 上升至 2000~2800d。惰性阳极、硼化钛涂层和低电压高寿命的阴极炭块将逐渐开始使用[16,17]。过量 10%~12% 的氟化铝电解质仍将继续使用。

2001~2006 年，中国电解铝工业发展迅猛，产能由 2001 年 394.6 万 t 增加到 2006 年的 1200 万 t，产量则由 337.14 万 t 增加到 936 万 t。由于国家宏观调控，电解铝工业技术结构与企业结构进一步改善，自焙槽全部关停，新建电解铝均为大型预焙槽。2004 年底 10 万 t 产能以上的电解铝企业有 37 家，产能合计 669 万 t/a，20 万 t 产能以上有 11 家，产能合计为 318 万 t[18]。300kA 级电解槽目前已在中国铝电解工业占有主导地位，自 1995~1996 年国家大型铝电解工业试验基地 280kA 电解槽试验成功以后，相继在焦作 280kA 示范电解槽系列实际运用之后，该技术得到进一步改进和完善。伊川铝厂是中国第一个采用单系列 20 万 t 300kA 电解槽系列的厂家。目前国内已有 280、300、320、350kA 电解系列数十家，这些企业为提升中国铝电解技术水平做出了杰出贡献。1980~2000 年及 2020 年预测电解槽的技术参数详见表 1-1。

表 1-1 1980~2000 年及 2020 年霍尔-埃鲁法铝电解技术参数预测[19]

Table 1-1 State-of-the-art of Hall-Heroult technology parameters from 1980 to 2000, and an attempted forecast for the 2020[19]

电解槽参数	1980 年	2000 年	2020 年
系列电流/kA	225	325	500~600
槽电压/V	4.1	4.1	3.9~4.0

续表 1-1

电解槽参数	1980 年	2000 年	2020 年
电流效率/%	94.0	96.0	96.5~97.0
每千克铝能量消耗/kW·h	13.0	12.8	12.0~12.5
槽寿命/d	1500	2000~2800	3000
阳极电流密度/$A \cdot cm^{-2}$	0.80	0.85	0.95

1.2 中国铝电解的特点及300kA电解槽与国外差距

中国大型预焙槽的设计由于使用物理仿真技术作为辅助设计工具，三场设计合理，电解槽运行平稳，但突出表现在阳极、氧化铝等原材料供应渠道多，质量不稳定。尽管砂状氧化铝质量好、溶解性能好、生产指标好，但电解铝厂对氧化铝原料的选择范围小，要稳定一个厂家氧化铝原料很难，国产氧化铝大都是中间状、粉状，被迫掺起来使用，因此不可能搅拌均匀，对电解槽的影响巨大。国内新上氧化铝厂，氧化铝中含 Na_2O 等杂质多或灼碱高，对电解槽影响很大。正因为如此，从某种意义上来说，中国的电解槽抗干扰能力强，对原料要求不苛刻。

另外，槽寿命低和阳极效应系数偏高是中国铝电解槽的最大缺点。目前世界上三类代表性电解技术的主要性能特征参数如表1-2所示。可以看出，国内大多数厂家达不到94%~96%的电流效率，特别是原料、计算机控制、过热度控制等方面和国外还有较大差距，加之槽内衬如高石墨质或全石墨化阴极等新材料还没有普及，电流效率短时间（如几个月）达到94%~96%是可能的，但要长期稳定在这个水平还需要做很多工作。实际上，中国电解槽电流效率一般为92%~94%。

表 1-2 世界上三类代表性电解技术的主要特征参数对比[20~22]

Table 1-2 Three typical technologies of aluminum electrolysis

主要参数	北美技术	西欧和北欧技术	中国技术
电流效率/%	94	94~96	93~95
每千克铝直流电耗/kW·h	13.8~14.5	13.0~13.2	13.3~13.6

续表 1-2

主要参数	北美技术	西欧和北欧技术	中国技术
槽工作电压/V	4.3~4.4	4.05~4.15	4.12~4.18
阳极电流密度/A·cm^{-2}	0.8~0.9	0.76~0.82	0.70~0.73
每千克铝阳极净耗/kg	0.400~0.410	0.395~0.405	0.420~0.430
氟化铝过剩量/%	12~13	13	9~10
效应系数/次·(槽·日)$^{-1}$	0.02~0.05	0.03	0.1~0.3
阴极炭块类别	无烟煤半石墨质（10%~30%石墨）	石墨质或石墨化（50%~100%石墨）	无烟煤半石墨质（10%~30%石墨）
平均槽寿命/d	2000~2500	2000~2500	1500~1800
成本中的劳动费用	高（占成本18%~20%）	中	低（占成本3%~4%）
吨铝投资/美元	4000~5000	3500~4500	1500~1800

文献［23］对国内外300kA电解槽主要生产技术指标进行对比，可以看出我国300kA电解槽和国外还有不少差距。表1-3列出了世界各铝业公司300kA电解槽的有关数据。姚世焕[24]通过能量平衡分析，对我国大型槽侧部结不成壳及AP30、AP35、AP50炉帮形状进行分析，认为新的槽内衬设计和采取厂房强力通风措施是形成炉帮的关键。我国第一家使用300kA电解槽的伊川铝厂的综合控制技术代表我国300kA电解槽技术。2000~2005年伊川铝厂在生产实践中总结出不少经验，当电解质温度保持在950℃左右，分子比在2.2~2.25运行，电流效率的确很高，可稳定在94%以上，但炉帮形成不好。当槽温稳定在955~965℃，分子比保持在2.25~2.3，过热度为6~10℃，电解槽炉帮形成较好，电流效率可达92%~94%，从而可实现电解槽长周期运行。但和国外相比，主要在原料氧化铝、炭块质量方面还有不少差距，在计算机控制、过热度控制以及槽内衬新材料使用等方面还要进一步加大研发力度，以期真正达到国际先进水平。

表 1-3 世界各铝业公司 300kA 电解槽的有关数据[24]

Table 1-3 Parameter of some reduction cells in different aluminum companies

企 业	生产电流 /kA	产量(系列) /kt	电流效率 /%	吨铝直流电耗 /kW·h	吨铝净炭耗 /kg	槽寿命 /月
加 铝	300	240	93	14.2	425	
美 铝	300	180	93.5~95	13.7~14.1	415~425	60~72
法国 Pechiney	300	240	94~95	13.3~13.5	410~420	72~96
伊川铝厂	300	200	92~93.5	13.5~13.7	410~420	60~70

1.3 SY300kA 电解槽的特点与应用

1.3.1 技术背景

我国在 20 世纪 70 年代末，开创了中国大型预焙阳极电解槽生产的历史；在 90 年代，应用先进的数学模型和设计软件，成功地解决了电解槽生产过程中的磁流体稳定性问题、热平衡问题和槽壳受力变形问题，开发出 SY 系列大型预焙阳极电解槽，即 SY160/170、SY190/200、SY230/240。经过生产实践证明，SY 系列电解槽具有合理的母线配置、较好的磁流体稳定性、良好的热平稳、合理的槽壳结构、结构简单的传动系统和智能多模式槽控系统等特点。

2000 年，为了满足中国铝工业快速发展的需要，沈阳铝镁设计研究院在总结 SY 系列电解槽成功经验的基础上，应用先进成熟的数学模型和工程软件，开发了 300kA（SY300）级预焙阳极电解槽技术，可满足规模为 200~250kt/a 电解系列建设的需要。

从 2001 年起，一批采用 SY300kA 预焙阳极电解槽技术的电解系列陆续开工建设。2002 年 6 月 16 日，河南豫港龙泉铝业有限公司的电解系列（200kt/a）率先投入生产，11 月 21 日，256 台 SY300kA 预焙阳极电解槽全部投入生产，这是我国第一个投入商业运行的 300kA 级电解系列，也是目前我国已投产的产能最大的电解系列之一。经过 4 年多的运行，实践证明，SY300kA 预焙阳极电解槽运行平稳，侧部炉帮稳固而坚实，整个阴极底部平整，主要技术经济指标达到设计值，达到世界先进水平[24,25]。

1.3.2　成功应用企业介绍

伊川铝厂是第一家使用300kA电解槽的国内铝厂，该厂自2002年6月16日投产以来，已完好运行5年，伊川第二铝厂300kA电解槽也于2006年2月24日全部投产。伊川第一铝厂2001年6月开工建设，2002年6月16日投产，创造了一年基建安装完成20万t铝厂的奇迹。伊川第一铝厂创造了一个系列20万t256台SY300kA电解槽（2002年6月16日～11月21日）159天全部投产的奇迹。伊川第二铝厂于2003年11月底至2004年8月共9个月时间完成基建安装等工作，具备投产条件。2004年10月至2005年6月顺利完成14万t启动工作，2006年2月24日形成40万t电解生产能力，2007年5月启动第三铝厂，已完成60万t的生产能力。伊川铝厂从零开始，不到5年时间，打造了一个由2个系列514台300kA电解槽组成的年产达到40万t并具有国际先进水平的电解铝厂，不仅在中国、亚洲，而且在世界，均创造了铝电解工业的奇迹。

图1-1所示为豫港龙泉铝业公司的部分厂貌。图1-2、图1-3分别所示为伊川铝厂第一个和第二个SY300kA电解槽生产现场。目前，伊川铝厂已形成年产60万t的生产能力，积累了丰富的实践经验，开发了一系列铝电解新技术，为中国铝电解工业做出了一定的贡献。因此，伊川300kA电解槽技术在某种意义上代表了中国300kA电解槽技术，主要表现在该类电解槽适合各种氧化铝原料，实际电流效率92%～93%，和国外相差2%～3%；槽寿命预计可达到2000d以上，

图1-1　龙泉铝业公司

Fig. 1-1　Developing state of Longquan Aluminum Company

和国外的2500~3000d 还有相当大的差距。

图 1-2　第一个 SY300kA 电解槽在伊川铝厂正常生产运行

Fig. 1-2　Reduction cells of SY300kA in Yichuan the first smelter

图 1-3　伊川第二个 SY300kA 电解槽系列启动现场

Fig. 1-3　Startup of the SY300kA reduction cell in Yichuan the second smelter

1.3.3　SY300kA 电解槽设计特点

1.3.3.1　窄加工面技术

采用窄加工面是现代大型中间下料预焙槽的一个显著特点，其优越性已得到广泛的认同。SY300kA 电解槽的设计根据国内现有内衬材料的特点，结合电解槽热平衡的设计，选用了大加工面 300mm、小加工面 420mm 的槽结构尺寸。与 SY160、SY200 和 SY230kA 预焙阳极电解槽相比，单位槽膛面积日产铝量分别由 31. 37kg/(m^2·d)、35. 33kg/(m^2·d) 和38. 74kg/(m^2·d) 提高到39. 92kg/(m^2·d)，分别增加了 27. 3%、13. 0% 和 3. 0%。

1. 3. 3. 2 良好的热平衡

良好的热平衡，用以解决电解槽既要保温又要散热的矛盾，使电解槽能够长期在稳定条件下高效运行。

电解槽的内衬设计与电解槽电流容量、槽结构尺寸、内衬材料的性质、生产工艺条件紧密相关。SY300kA 电解槽的设计统筹考虑了这些因素，采用电、热平衡计算软件，优化设计内衬结构，以保证电解槽生产过程中可自行维持电热平衡，为减小人工干扰、使电解槽在稳定的状态下高效生产创造条件，这是现代大型电解槽的一个主要标志。根据大型预焙槽侧部散热、底部保温的要求，以及热平衡计算选择内衬材料，侧部采用氮化硅结合碳化硅侧砖，底部采用具有防渗功能的干式防渗料。

1. 3. 3. 3 优异的磁流体稳定性

采用较好的磁流体稳定性设计以保证电解槽在高电流下能够平稳地生产。在设计中使用国际先进的工程软件来优化并指导电解槽母线设计，全新的阴极母线配置不但可以很好地满足电解槽磁流体稳定性的设计要求，并且结构简单、方便施工安装、便于短路，而且还具有良好的安全性。SY300kA 电解槽采用大面五点进电方式，阴极母线采用非对称性配置，抵消了相邻列槽的磁场影响。

1. 3. 3. 4 较少的材料用量

为解决电解槽壳的应力变形问题，要求槽壳有足够的刚度，抵御由于阴极热膨胀和钠渗透所产生的外推力，以长期保持电解槽所必须的良好形状。

由于槽结构尺寸、母线设计等方面的优化，SY300kA 电解槽的材料用量与 SY160、SY200 和 SY230kA 电解槽相比，单位电流槽重量分别由 0. 805t/kA、0. 68t/kA 和 0. 678t/kA 降低至 0. 643t/kA，分别降低了25.2%、5.7%和5.4%；单位电流用钢量分别由0.317t/kA、0.28t/kA和0.29t/kA降低至0.279t/kA，分别降低了13.6%、0.36%和3.9%；单位电流用铝量为0.161t/kA，与SY160、SY200和SY230kA电解槽（分别为0.156t/kA、0.156t/kA和0.159t/kA）相当，并没有因电流的增加而增大母线的用量。

1.3.3.5　阳极升降机构

SY300kA电解槽阳极升降机构采用滚珠丝杠加三角板整体提升传动机构，其结构简单、造价低、传动效率高，克服了分段提升不同步性的缺点，并且还易于制造和维修。

1.3.3.6　六爪双阳极结构

为减少换极的工作量和对槽况稳定性的影响，采用双阳极结构，每台电解槽安装20组阳极组。根据电解槽电流和热流分布情况，以及便于残极处理和组装的机械化作业，阳极钢爪采用六钢爪结构。

1.3.4　SY300kA 电解槽实际参数

1.3.4.1　SY300kA 预焙电解槽的主要技术参数[25]

SY300kA预焙电解槽的主要技术参数如表1-4所示。

表1-4　SY300kA 预焙电解槽的主要技术参数

Table 1-4　Technical parameters of SY300kA

技术参数	第一铝厂	第二铝厂
电流/kA	300	300
阳极电流密度/A·cm^{-2}	0.733	0.733
阳极炭块尺寸/mm×mm×mm	1550×660×550	1550×660×550
阳极炭块组数/组	20	20
阳极钢爪数/个	6	6
槽壳外形尺寸/mm×mm	15470×4772	15470×4772
阴极炭块尺寸/mm×mm×mm	3370×515×450	3370×515×450
阴极炭块组数/组	25	25
槽膛平面尺寸/mm×mm	14500×3880	14500×3880
大面加工面尺寸/mm	300	300

续表 1-4

技术参数	第一铝厂	第二铝厂
小面加工尺寸/mm	420	420
阳极升降速度/mm·min^{-1}	75	75
电解槽下料点/点	4	6
电解槽集气效率/%	98	98
阳极升降行程/mm	400	400

1.3.4.2 电解槽上部结构

上部结构包括门形立柱、钢制的实腹板梁等。阳极提升装置采用滚珠丝杠三角板升降机构。打壳下料装置电解槽上设4个氧化铝料箱和2个氟化盐料箱，第一铝厂、第二铝厂分别是4套（每次下料量为1.8kg）、6套（每次下料量为1.2kg）打壳下料装置和定容下料器。

1.3.4.3 电解槽内衬结构

电解槽内衬从下至上依次为一层10mm厚石棉板、一层60mm厚硅酸钙板、两层65mm保温砖、一层180mm厚干式防渗料，在其上安装阴极炭块组。阴极炭块组四周用底糊扎实。槽侧部为一层90mm厚的氮化硅结合碳化硅侧部块，侧部块与阴极炭块之间的边缝捣制成坡形，形成人造伸腿，以利于形成炉帮。300kA电解槽槽侧下部和底部需要良好的保温，侧部要形成良好的散热，特别要注意通过底部保温材料的选择确保900℃温度线落在阴极炭块之下，800℃等温线位于保温砖之上。

1.3.4.4 物理场分析

电解槽周围母线及内部电流在熔体中产生磁感应。这种磁感应强度与熔体中的电流相互作用产生电磁力，导致了熔体的流动、铝液隆起以及铝液与电解质界面的波动。过快的熔体流动会严重冲刷炉帮甚至危害侧部炭块。而界面的变形和波动加剧了电解质中溶解铝与二氧化碳的反应，从而降低了电流效率。同时，又导致了电解槽极距的不稳定，致使电解生产不稳定。

表1-5、表1-6 分别示出国内 160～300kA 电解槽垂直和 Y 方向磁场设计与实测值比较情况。图 1-4、图 1-5 分别示出 SY300kA 电解槽垂直和 Y 方向磁感应强度分布状况。

表 1-5 国内 160～300kA 电解槽垂直磁场设计与实测值比较

Table 1-5 Design value and actual value of vertical（Z axis）magnetic field in domestic 160～300kA aluminum reduction cells

槽 型	设计值		实测值	
	$B_{Z,\max}/10^{-4}$T	$B_{Z,\mathrm{av}}/10^{-4}$T	$B_{Z,\max}/10^{-4}$T	$B_{Z,\mathrm{av}}/10^{-4}$T
平果铝厂 160kA 槽	13.7	3.9	47	19
贵州铝厂 186kA 槽	10.1	3.7	34.3	20.8
沁阳试验厂 280kA 槽	14	3.6	79	26
新安铝厂 SY160kA 槽	24	5.4	24.3	10.2
山西关铝集团有限公司 SY190kA 槽	20.32	5.63	21.2	7.52
邹平铝厂 SY230kA 槽	12.154	2.92	19.9	5.62
伊川铝厂 SY300kA 槽	17.995	4.97	18	8.69

表 1-6 国内 160～300kA 电解槽 Y 方向磁场设计与实测值比较

Table 1-6 Design value and actual value of Y direction magnetic field in domestic 160～300kA reduction cells

槽 型		新安铝厂 SY160kA 槽	平果铝厂 160kA 槽	贵州铝厂 186kA 槽	沁阳试验厂 280kA 试验槽	山西关铝集团有限公司 SY190kA 槽	伊川铝厂 SY300kA 槽
设计值	最大值	16.1	11.1	10.4	12.95	16.1	16.1
	平均值	8.1	2.98	2.96	—	—	—
实测值	最大值	17	25	28	30	17.8	12.5
	平均值	12	16	14.6	16	12.4	8.23

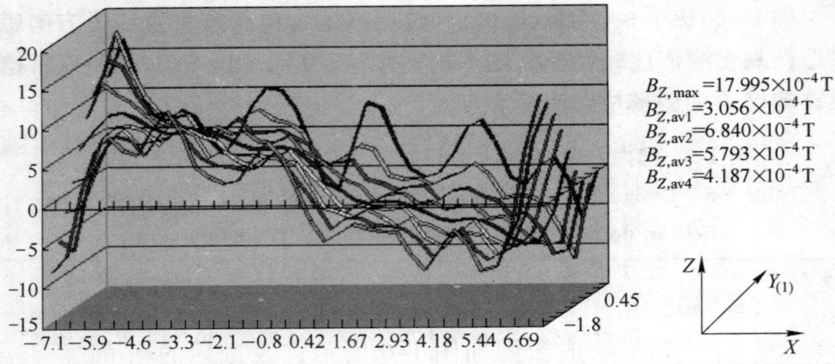

图 1-4 SY300kA 电解槽垂直磁感应强度分布

Fig. 1-4 Vertical magnetic field distribution of SY300kA

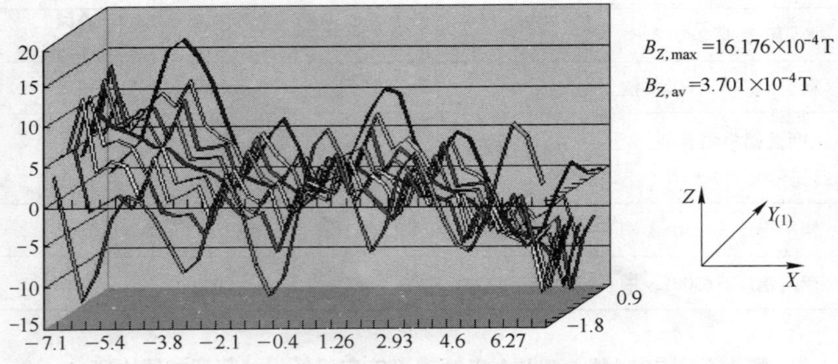

图 1-5 SY300kA 电解槽 Y 方向水平磁感应强度分布

Fig. 1-5 Magnetic field distribution of SY300kA in Y direction

考核母线主要从以下五个方面考虑[24,25]：良好的磁流体稳定性；具有良好的经济性，即母线的用量和电能损失最经济；安全性，在正常生产和短路状况下，母线没有过载现象；方便电解槽生产操作；停槽时，前后槽磁稳定性。

1.4 伊川第二电解铝厂电解槽的改进

1.4.1 槽壳设计

电解槽槽壳设计的主要着眼点应在于其强度和散热性能，因为强度对槽寿命有决定性的影响，散热性能对大容量槽非常重要。当槽容量加大到一定程度时，槽壳侧面的散热量相应增加，此时就要以特定设计的槽壳结构来帮助散热。

电解槽槽壳的强度分析是槽壳设计的核心之一。采用专用的计算机软件和计算模型来分析和优化电解槽槽壳的结构形式是获取高强度槽壳的最佳途径。利用 1/4 电解槽有限元模型计算了槽壳变形状态，并分析了不同结构形式槽壳的优缺点，最终选出优化的槽壳结构，用于 SY 系列电解槽设计。第一版设计的 300kA 槽壳变形计算结果绘成云图如图 1-6 所示；改进后的槽壳变形云图如图 1-7 所示。端部结构改进后的新版槽壳变形云图如图 1-8

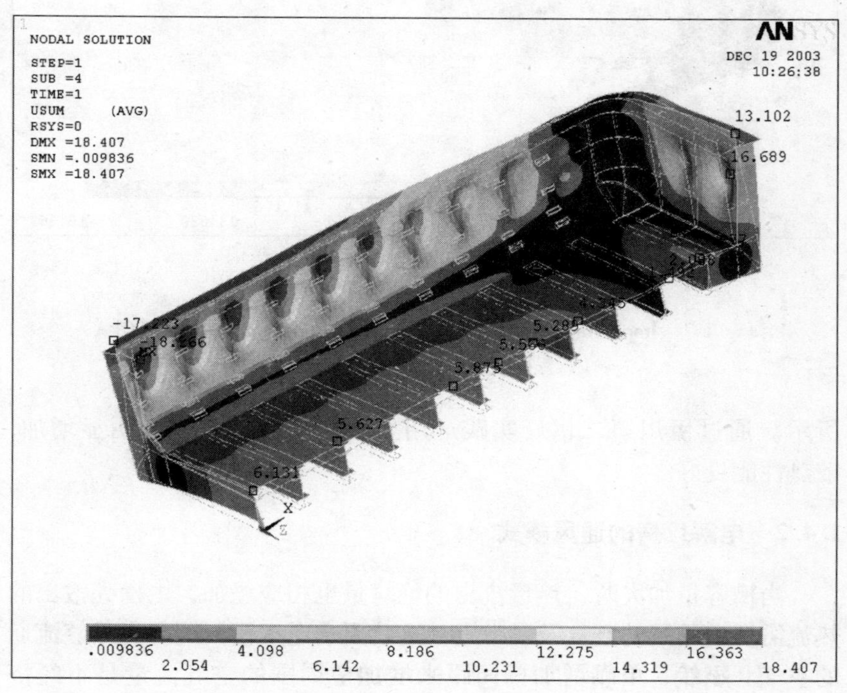

图 1-6 第一版设计的 300kA 槽壳变形仿真云图[26]

Fig. 1-6 The first design mode of emulational nephogram of 300kA aluminum reduction cells

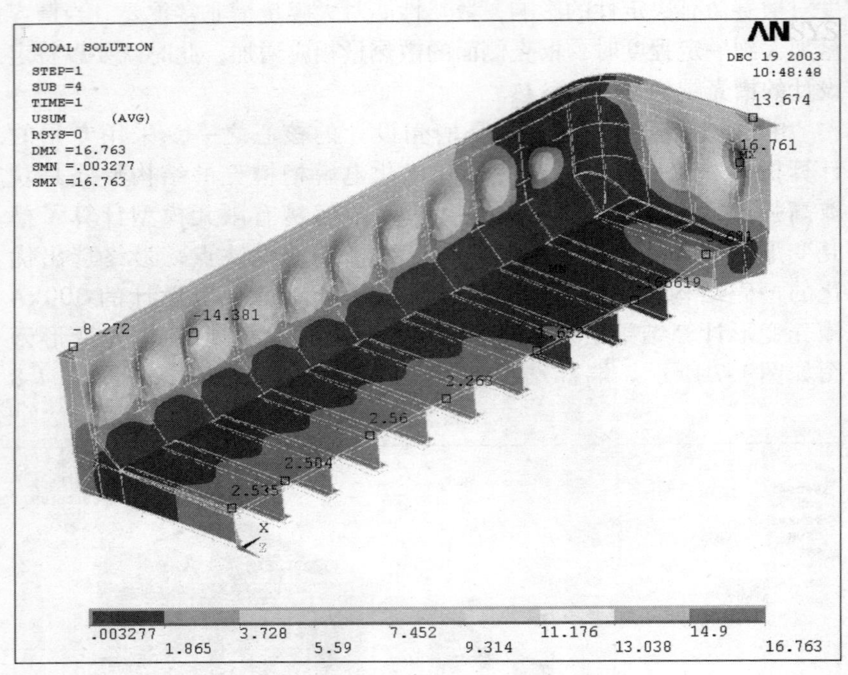

图 1-7　改进后 300kA 槽变形仿真云图[26]

Fig. 1-7　Improving design mode of emulational nephogram of 300kA aluminum reduction cells

所示。通过伊川第二铝厂实践运用发现，新型槽壳强度明显增加，散热性能良好。

1.4.2　电解厂房的通风模式

当槽容量加大时，热量流出的绝对量也相应增加，由槽壳散出的热流需要由周围的空气及时带走，这就要求电解槽周围要有足够流通的空气。显然，单靠增加槽间距来增加槽周围的空气流量是不经济的，更科学的方法是改变传统的电解厂房通风模式，使其满足特定的空气流动特性要求。

传统的电解厂房设计的着眼点是排出废热，降低工作地带的温

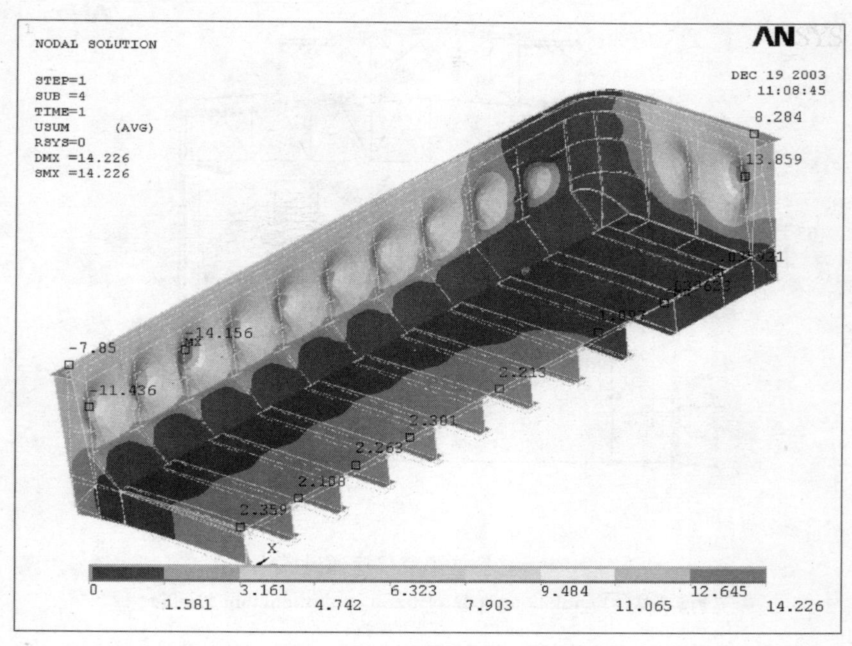

图 1-8 改进后新型槽变形仿真云图[26]

Fig. 1-8 Improved design mode of emulational nephogram of new 300kA aluminum reduction cells

度。对于电解槽纵向排列的厂房，采用双向侧窗进风依靠热压作用废热由天窗排出，这种通风方式是符合其特定条件；但在电解槽横向布置的条件下，这种通风模式就不尽合适。为了找出合适的通风条件，开发了符合大型电解槽条件的通风模型。传统的电解厂房通风模式如图 1-9 所示；300kA 电解槽四周热量分布的模拟云图如图 1-10 所示；图 1-11、图 1-12 分别所示为改进型 300kA 电解槽厂房通风模式与电解槽四周热量分布的模拟云图。平台由 2.6m 改为 3m，以利于通风散热。这种改进型的建筑结构使槽间温度场有较大改善。实践证明，效果是明显的，槽壳温度和工作地带的温度都较传统建筑形式时有显著降低[26]。

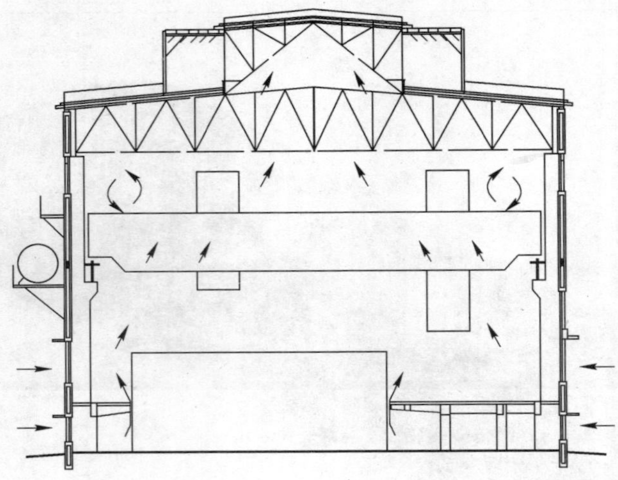

图 1-9 传统的电解厂房通风模式

Fig. 1-9 Ventilation mode of traditional aluminum smelter

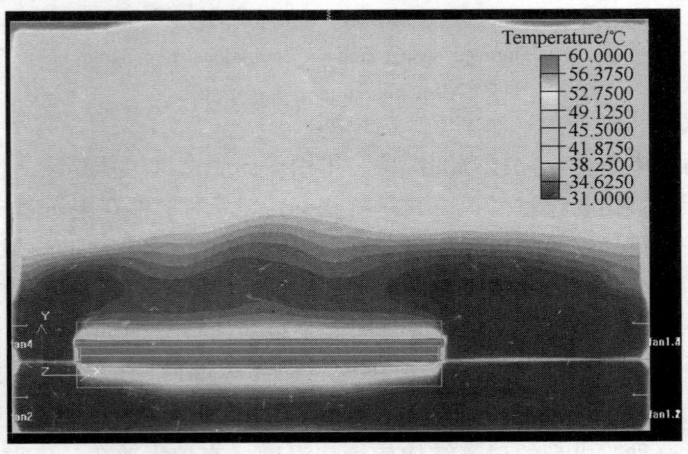

a

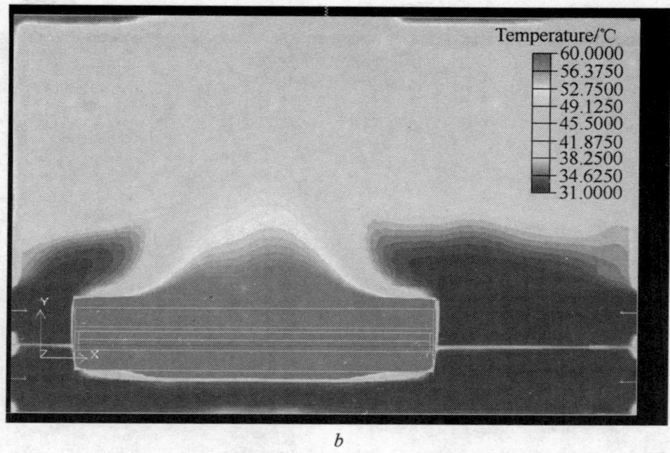

b

图 1-10 300kA 电解槽四周热量分布的模拟仿真云图

a—两个电解槽间温度场；*b*—电解槽纵向中心温度场

Fig. 1-10 Thermal distribution simulation emulational nephogram of 300kA reduction cells

a—Temperature field between the two cells; *b*—Center temperature field in the portrait direction

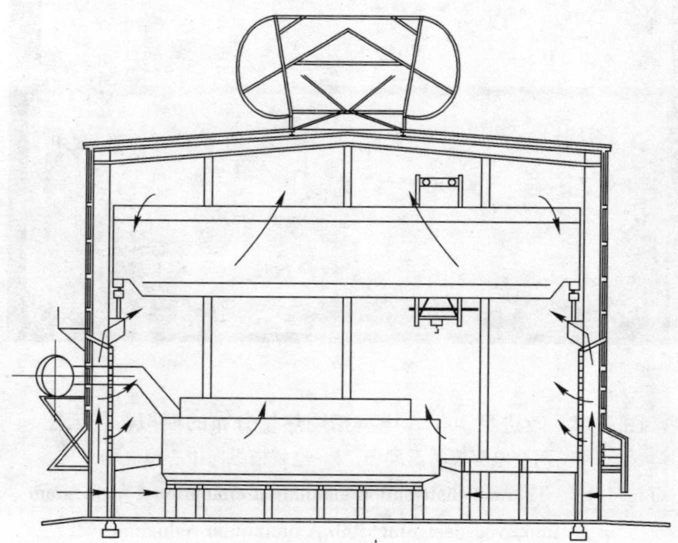

图 1-11 改进型电解厂房通风模式

Fig. 1-11 Ventilation model in an improved aluminum smelter workshop

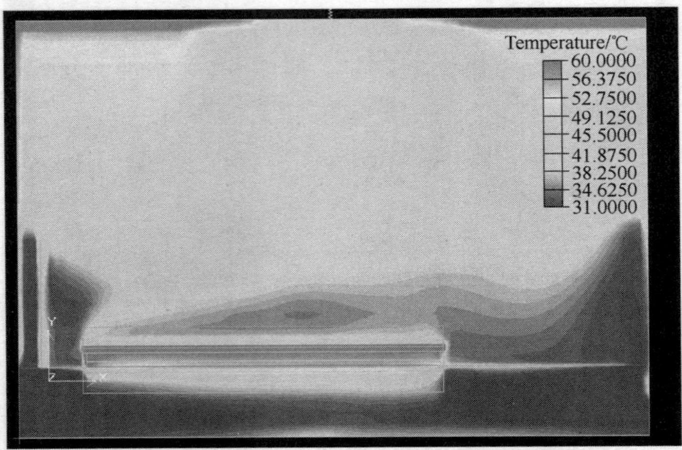

a

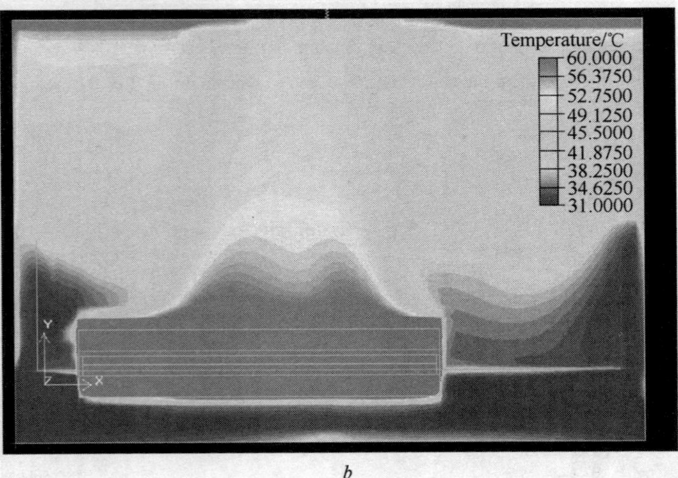

b

图 1-12　改进型 300kA 电解槽周热量分布的模拟仿真云图

a—两个电解槽间温度场；*b*—电解槽纵向中心温度场

Fig. 1-12　Thermal distribution simulation emulational nephogram of an improved designing 300kA aluminum reduction cell

a—Temperature field between the two cells;

b—Center temperature field in the portrait direction

1.4.3 其他技术改动

第二铝厂电解槽的侧部碳化硅砖厚度由 75mm 改为 90mm，人造伸腿加高，侧部加散热板加强散热并加强了槽壳强度。

图 1-13 所示为阴极压接器的改进便于以后大修，有效地解决了强磁场条件下焊接问题。

图 1-13 阴极压接器

Fig. 1-13 A kind of compaction and connection device of cathode with electrical bus

打料点个数由 4 点改为 6 点，下料器每次下料由 1.8kg 改为 1.2kg，便于加料控制，利于氧化铝溶解。

净化系统的槽上部净化由整体式改为出铝与烟道分段式，提高了集气效率，改善了净化效果。

1.5 未来 300kA 电解槽技术开发思路

1.5.1 电解槽电极新材料改进

电解槽电极材料作如下改进：

（1）阳极开槽。

（2）全石墨化阴极炭块。

(3) 振动成型硼化钛复合30%半石墨质阴极炭块。

1.5.2 综合控制技术

综合控制技术包括:

(1) 氧化铝含量控制:氧化铝含量(质量分数)长期稳定地控制在1.5%~2.5%。

(2) 过热度控制在6~10℃。

(3) 计算机专家诊断系统:专家诊断不仅可以预测电解槽运行趋势,而且可以将未来设定电压、氟化铝添加量、出铝量等进行专家计算,从而保证电解槽的长期稳定运行。

1.5.3 生产管理目标

生产管理目标为:

(1) 槽寿命:2000d以上。

(2) 电流效率:94%以上。

(3) 工作电压:4.05~4.10V。

(4) 平均电压:4.12V。

(5) 效应系数:0.05次/(槽·日)。

(6) 吨铝直流电耗:13000kW·h。

(7) 吨铝氧化铝单耗:1930kg。

(8) 吨铝炭块毛耗:500kg。

(9) 吨铝氟化盐单耗:18kg。

1.5.4 技术开发措施

技术开发措施主要有:

(1) 两个系列514台300kA电解槽槽寿命达到2000d以上的研究开发。

电解槽炉帮的形成仍然是一个持续研究的课题。目前伊川铝厂的300kA电解槽的侧部问题,已有侧部不停槽专利技术做保证,不会因侧部问题而停槽。通过侧部材料与结构的进一步优化完善,并通过过热度控制以使形成完好的炉帮。通过不同阴极炭块技术应用与对比,优选出最佳方案，不仅经济运行，而且阴极寿命长。要加强先进的计算机控制技术开发，加强低电压（4.05~4.10V）、低效应系数(0.05次/(槽·日))研究开发；和过热度等三度测试相结合，进行电解质优化试验开发，从而使电解槽低成本、稳定高效、高寿命运行。

（2）用电解槽过热度控制的理念替代电解质温度为中心的管理技术开发利用。

主要研究300kA电解槽过热度控制在6~10℃之内，便可使炉帮形成完好，同时电解质优化，电流效率可达到94%以上。

（3）计算机控制技术水平的提高与完善。

进一步完善改进计算机槽控箱控制技术，使氧化铝含量稳定地控制在1.5%~2.5%，实现效应系数低于0.05次/(槽·日)。

（4）提高炭块质量和进行开槽阳极与惰性阳极的研究。

通过阳极涂层、阳极添加剂的研究，进一步提高阳极炭块质量。按照国际标准22项指标进行全面质量管理与过程跟踪；通过炭阳极工艺流程优化、技术管理科学化与国际标准相结合，可以使炭阳极质量达到国际先进水平，满足出口标准。当阳极质量达到国际标准以后，将进行阳极开槽研究和惰性阳极工业化试验，为电解槽高效节能打下良好的基础。

（5）300kA电解槽大系列1000V以上整流系统安全稳定经济运行的研发与应用。

2005年国内不断发生近20起的大功率整流机组或整流变压器事故，经济损失惨重，一些厂家每次损失上亿元，对电解槽的安全运行产生极大影响。针对这种情况，对国内整流变压器的现状分析、n+2配置优化研究、整流柜国产产品与进口元件的比较及新技术运用等势在必行，以打造一个稳定的供电环境。

1.6 本书拟研究的内容

本书拟研究的内容包括：

（1）碳化硅侧块破损与电解槽炉帮维护。

（2）阴极破损机理研究，内容包括：1）300kA电解槽30%~75%不同比例高石墨质阴极试验；2）300kA电解槽全石墨化浸渍阴极炭块试验；3）300kA 电解槽硼化钛涂层、复合惰性阴极炭块应用。

（3）铝用阳极技术应用与碳阳极消耗研究。

（4）氧化铝含量模糊控制理论与实践研究。

（5）电解槽过热度的控制与研究。

（6）计算机专家诊断与综合控制试验。

（7）300kA 电解槽过热度和氧化铝含量控制技术的开发利用。

2 电解槽炉帮形成与碳化硅侧块破损

氮化硅结合碳化硅侧块由于能抗化学、物理腐蚀及空气氧化，是一种低电导率、传热性较好的材料，在电解槽中应用易形成炉帮，从而可大大延长电解槽槽寿命[27~33]。法国铝业公司300kA电解槽以碳化硅侧块替代半石墨质侧块等优化设计，通过加强控制侧部散热和其他热量散失，500kA电解槽运行平稳，炉帮厚度为4.44cm，铝液界面炉帮厚度0.17cm[34~36]。伊川铝厂514台电解槽全部采用氮化硅结合碳化硅侧块，实现了不加工而炉帮形成良好，解决了电解槽侧部形不成炉帮的难题。但是由于氮化硅结合碳化硅侧块在我国生产和实际应用时间较短，在伊川铝厂有个别槽子不同程度地出现了碳化硅侧部破损。为了遏制电解槽破损进一步扩大，通过组织技术攻关，采取积极有效措施，彻底修复并更换侧块，完善工艺技术条件，使电解槽形成炉帮，从而延长了电解槽槽寿命。特别是伊川第二铝厂258台电解槽启动后，在后期管理过程中，把炉帮建立放在首位，三个月管理期间不添加氟化铝，分子比和槽温逐渐降低，炉帮形成非常完好，电解槽运行平稳、高效，积累了丰富的实践经验。

2.1 300kA电解槽侧部炉帮形成仿真

电解槽中重要的物理场有6个：电位场，电流场，磁场，热场（温度场），流速场，浓度场（氧化铝浓度梯度分布）。电流场（电流与电压分布）是电解槽运行的能量基础，是其他各物理场形成的根源，电流产生磁场，电流的热效应（焦耳热）产生热场。磁场分布的不平衡导致电解质与铝液的运动（流速场），电解质与铝液的运动导致氧化铝和金属的扩散与溶解（形成浓度场），是保证电解过程得以进行的基础，同时也是影响槽帮结壳、能量平衡的重要因素。六场复杂的耦合关系的综合效果，决定了电解槽的电流效率、直流电耗和槽寿命。六场中最重要的是：电磁场（电流场与磁场的合称）、热场

（温度场）和流速场。仿真计算中涉及以下几个参数：

（1）槽体外表传热系数[35]：

$$k_{wa} = k + 10 \times \sigma_0 \varepsilon_w (T_w^4 - T_a^4) / (T_w - T_a) \tag{2-1}$$

式中 T_w——槽壳钢壳外表面温度，℃；

T_a——环境温度，℃；

σ_0——斯忒藩-玻耳兹曼常量；

ε_w——槽壳外表面黑度，取0.8；

k——槽钢壳外表面与周围空气间的自然对流热系数，向上平面，$\alpha = 1.52(T_w - T_a)^{1/3}$；向下平面，$\alpha = 0.58[(T_w - T_a)/L]^{1/4}$；垂直面，$\alpha = 1.31[(T_w - T_a)]^{1/3}$。

（2）电解质与侧部槽帮表面间传热系数 k_{BF}

k_{BF}按下述经验公式计算[36]：

$$Nu = 0.036 Re^{0.8} Pr^{0.33} \tag{2-2}$$

式中 $Re = v_s \cdot L/\nu_B$；$Nu = k_{BF} \cdot L/\lambda_B$；$Pr = \nu_B/a_B$

v_s——槽帮表面电解质流速；

ν_B——电解质运动黏度；

L——电解质高度与阳极至槽帮距离之和；

λ_B——电解质热导率；

a_B——电解质热扩散率；

k_{BF}——电解质与槽帮间传热系数。

$$v_s = 0.173 \times (981 \times \mu)^{0.458} \times h^{0.467} \times d^{-0.258} \times V^{-0.044} \times S^{-0.165} \tag{2-3}$$

式中 μ——单位阳极周长的气体流量；

h——阳极浸入深度；

d——阳极与侧壁结壳表面间的距离；

V——动态黏性系数；

S——动态表面张力系数。

式中单位为：cm、g、s。

（3）金属铝液和阴极炭块间的传热系数[36]：

$$Nu = 5.0 + 0.025 Re^{0.8} Pr^{0.8} \tag{2-4}$$

（4）金属铝与槽帮间传热系数 k_{MF}[36]

$$k_{MF} = 1/[1/\alpha_{MF} + (\delta_B/\lambda_B)] \tag{2-5}$$

式中 λ_B——电解质的热导率；

δ_B——半液态薄膜厚度，按经验取为 0.5mm。

图 2-1 示出 300kA 电解槽侧部五点进电槽内衬大面切片热场云图；图 2-2$a \sim e$ 分别示出 75、90、100mm 碳化硅侧块与 75、125mm 普通炭块 300kA 电解槽内衬大面切片等温线仿真图，5 种不同的侧块槽帮厚度不同。

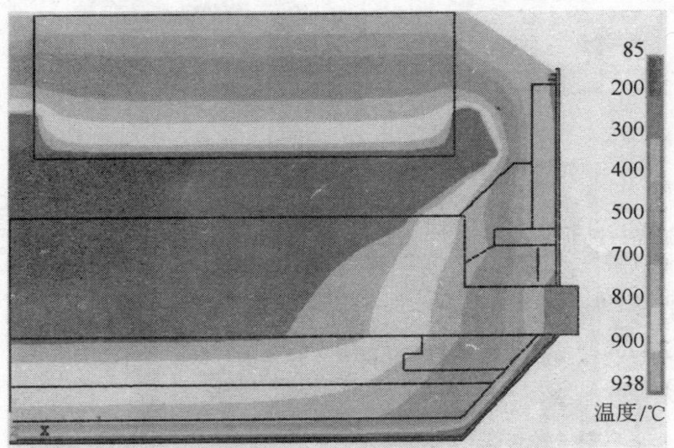

图 2-1 300kA 电解槽侧部五点进电槽内衬大面切片热场云图

Fig. 2-1 5-point power supply thermal field of wide-direction cross-section of 300kA aluminum reduction cell

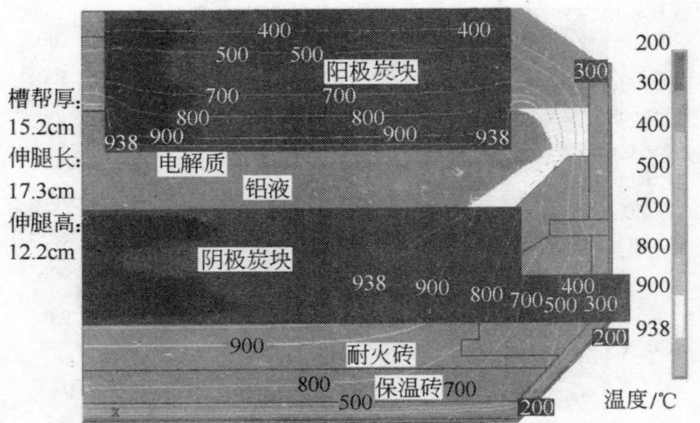

a

槽帮厚:
13.2cm
伸腿长:
16.8cm
伸腿高:
12.0cm
阳极炭块
电解质
铝液
阴极炭块
耐火砖
保温砖
400
500
700
800
900
938
300
200
温度/℃

b

槽帮厚:
11.9cm
伸腿长:
16.5cm
伸腿高:
11.8cm
阳极炭块
电解质
铝液
阴极炭块
耐火砖
保温砖
400
500
700
800
900
938
300
200
温度/℃

c

槽帮厚:
13.9cm
伸腿长:
11.0cm
伸腿高:
7.1cm
阳极炭块
电解质
铝液
阴极炭块
耐火砖
保温砖
400
500
700
800
900
938
300
200
温度/℃

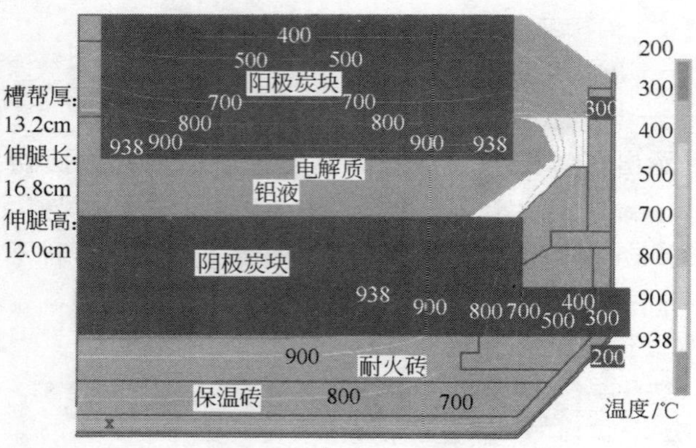

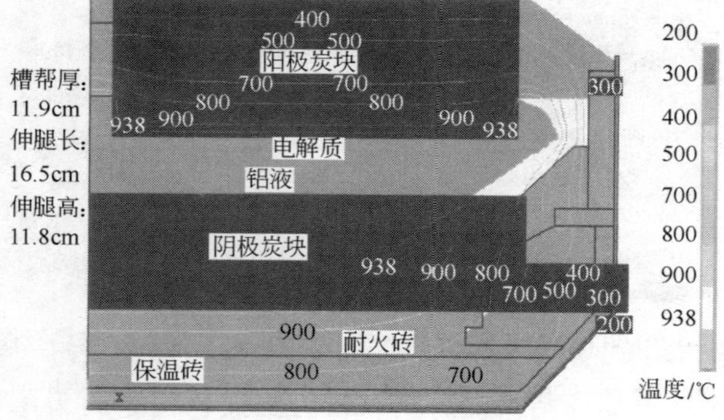

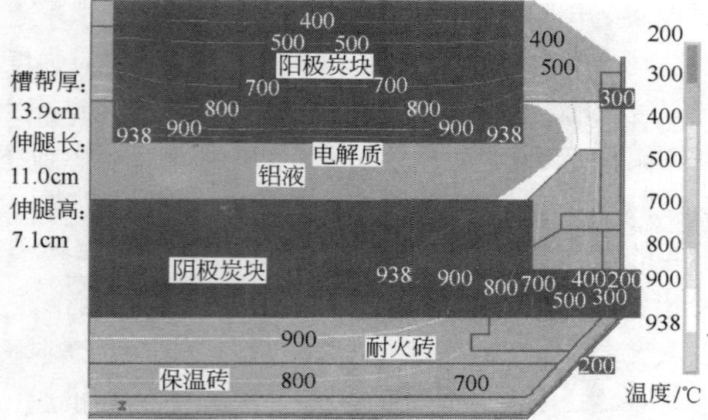

d

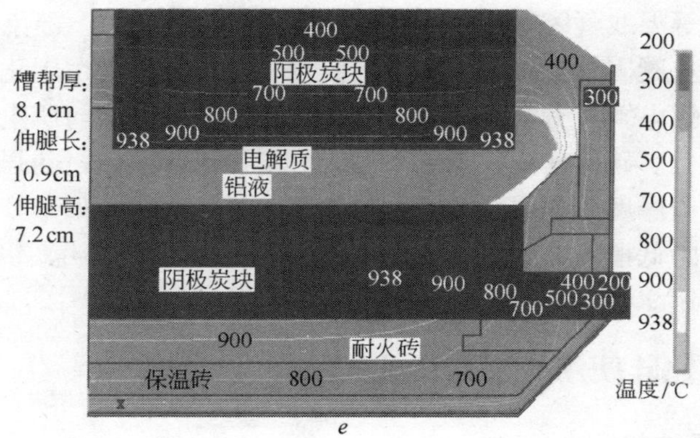

e

图 2-2 300kA 侧部五点进电槽内衬大面切片等温线图

a—75mm 厚碳化硅砖侧壁；*b*—90mm 厚的碳化硅砖侧壁；
c—100mm 厚碳化硅砖侧壁；*d*—普通炭阴极槽 75mm 厚碳化硅砖侧壁；
e—普通炭阴极槽 125mm 厚碳化硅砖侧壁

Fig. 2-2 5-point power supply isolated temperature plot of wide-direction cross-section of 300kA aluminum reduction cell

a—75mm SiC sidewall; *b*—90mm SiC sidewall; *c*—100mm SiC sidewall;
d—75mm SiC sidewall in a common carbon cathode cell;
e—125mm SiC sidewall in a common carbon cathode cell

根据伊川 300kA 电解槽五点进电槽的电场和电流场、磁场和电磁力场、流场及热场结果的分析，认为铝液电位差约为 4.6mV，因此相对于整个电解槽电压来说，铝液层可以近似为一个等电位体。电解槽 A 侧进电端、B 侧出电端两侧间存在着较明显的水平电流，而出铝端与烟道端间水平电流密度较小。两个大面的磁感应强度较大，中间的磁感应强度较小；垂直磁场基本上呈 A 侧出铝端与 B 侧烟道端磁感应强度方向向上，而 A 侧烟道端与 B 侧出铝端感应强度向下，呈现较好的反对称关系。铝液流动呈现出四个涡，并沿长轴方向排列，两个小面的漩涡较小，偏向 B 侧；中间两个漩涡较大，偏向 A 侧。在 A 侧出铝端和烟道端存在两个较小的漩涡。四个漩涡中心位置分别位于 1-2、3-4、7-8、9-10 号阳极导杆对应的短轴处。从铝液界面形状趋势来看，铝液-电解质界面向电解槽中心拱起，而 A、B 两侧铝水平较低，因此槽中间铝水平较四周高。5 种侧部结构的电解质初晶点等温线（938℃）基本上位于阴极炭块下面，避免了电解质在阴极炭块凝固结晶膨胀，造成阴极炭块的损坏。采用碳化硅侧部内衬对保护铝电解槽有很大的好处，碳化硅侧块的厚度与所生成的炉帮厚度成反比。碳化硅侧块如果太厚，可增加槽侧部内衬的强度，但必将损失炉帮厚度，加重了电解质对侧部内衬的腐蚀；如果碳化硅侧块太薄，将降低槽侧部内衬的抗弯和抗剪强度。实践证明，伊川300kA电解槽应用90mm氮化硅结合碳化硅炉帮形成较好。

2.2　碳化硅使用状况与优化

2.2.1　侵蚀状况

碳化硅由于其优异的高温力学性能、高的耐磨性、高的热传导率和优良的抗化学侵蚀及抗氧化性等特点，已成为大型预焙电解槽侧块的首选材料。某台300kA电解槽运行一年后，通过对个别不正常的侧块进行热修复，根据不同部位侵蚀情况分别取样进行分析检测，取样部位如图2-3所示，分析结果如表2-1所示。图2-4～图

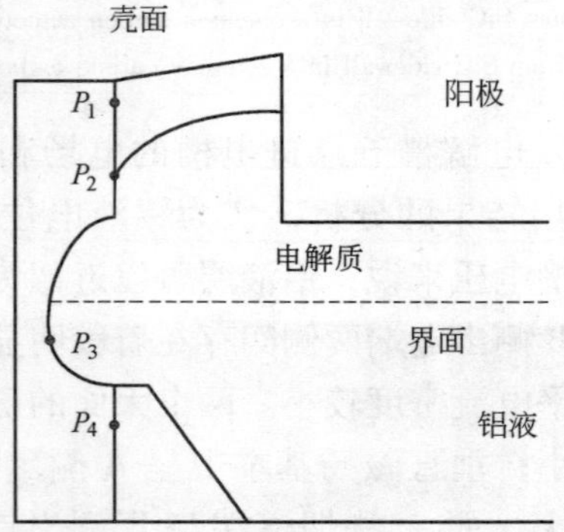

图2-3　碳化硅侧块运行一年后电解质与铝液界面处破损状况示意图

P_1—残砖上部没有变化部分；P_2—残砖颜色较原砖有变化的部分；

P_3—电解质与铝液界面液体接触的侵蚀部分；P_4—侵蚀较严重部分的附属物

Fig. 2-3　Damage of the sidewall lining after running a year

P_1—Spent SiC sidewall without disintegration；P_2—Disintegrating spent SiC sidewall；

P_3—Badly disintegrating of spent SiC sidewall on the interface between electrolyte and aluminum；

P_4—Disintegration product from spent SiC sidewall

2-15 分别示出电解槽运行三年后计划大修时侧部碳化硅的各种状况。

表 2-1 碳化硅侧块运行一年后侵蚀分析结果

Table 2-1 Chemical analysis of SiC bricks from the cell after one year electrolysis

项目		样号			
		1号	2号	3号	4号
化学分析	$w(SiC)/\%$	70.65	71.60	68.85	46.65
	$w(Si_3N_4)/\%$	25.20	23.35	12.13	0.71
	$w(SiO_2)/\%$	0.51	1.85	3.24	—
	$w(C)/\%$	—	—	—	10.80
衍射分析	主晶相	SiC	SiC	SiC	冰晶石
	次晶相	Si_3N_4，20%	Si_3N_4，16%	Si_3N_4，12%	刚玉，20%
	其他	方石英，<1%	方石英，1%~2%	方石英，2%~4%	萤石，5%~10%
物理检验	气孔率/%	17	16	4.2	—
	密度/$g \cdot cm^{-3}$	2.65	2.66	2.99	—
	耐压强度/MPa	150	178	356	—

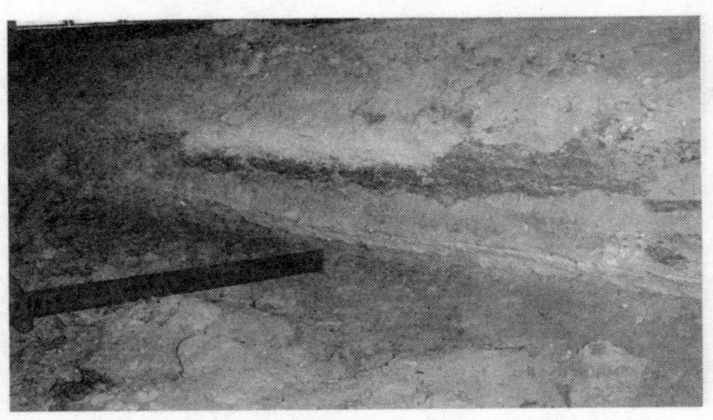

图 2-4 炉帮形成较好的情况

Fig. 2-4 Good situation of cell sidewall ledge

图 2-5　铝液与电解质界面形状

Fig. 2-5　Sidewall ledge figure at the interface between aluminum and electrolyte

图 2-6　换极三天的炉帮形成状况

Fig. 2-6　Situation of cell sidewall ledge after altering anode 3 days

图 2-7　铝液与电解质界面碳化硅破损状况

Fig. 2-7　Broken SiC bricks at the interface between aluminum and electrolyte

图 2-8 碳化硅较好而熔体界面开始质变的状态

Fig. 2-8 Weak corrosion of SiC near the interface

图 2-9 碳化硅表面开始质变的状态

Fig. 2-9 SiC bricks becoming loose little by little

图 2-10 碳化硅表面粉化严重的状态

Fig. 2-10 Pulverization and denudation of sidewall Si_3N_4-SiC bricks

图 2-11　碳化硅侧块铝液上层完全粉化剥落

Fig. 2-11　Pulverization and denudation of sidewall Si_3N_4-SiC bricks

图 2-12　碳化硅侧块粉化剥蚀（1）

Fig. 2-12　Pulverization and denudation of sidewall Si_3N_4-SiC bricks（1）

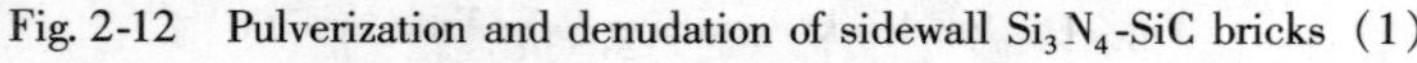

图 2-13　碳化硅侧块粉化剥蚀（2）

Fig. 2-13　Pulverization and denudation of sidewall Si_3N_4-SiC bricks（2）

图 2-14 碳化硅侧块粉化剥蚀（3）

Fig. 2-14 Pulverization and denudation of sidewall Si_3N_4-SiC bricks（3）

图 2-15 电解槽大面完好侧部碳化硅侧块情况

Fig. 2-15 Sidewall Si_3N_4-SiC bricks after the cell electrolyte were clear

如图 2-4、图 2-5 所示，炉帮形成较好，说明碳化硅确实散热性好。换极作业 3～5 天内炉帮形成较厚，如图 2-6 所示。铝液与电解质界面处是炉帮最薄处，如图 2-5 所示。如果侧部碳化硅如图 2-7、图 2-12、图 2-13 所示破损，则槽温高或阳极效应后等就会发现电解槽红炉帮。其中图 2-8、图 2-9、图 2-10 所示是碳化硅粉化的几种状况，图 2-12、图 2-13、图 2-14 所示是碳化硅剥蚀严重的状况，碳化硅彻底破损粉化剥落，几乎仅剩钢板。也有侧块破损通过不停槽补炉后碳化硅保持完好的，如图 2-15 所示。因此，通过剖炉分析可以得出如下结论：

（1）碳化硅散热非常好，可形成炉帮，即使碳化硅已粉化、松散等，但通过生产技术条件调整，完全可以形成炉帮，同时说明碳化硅比炭块更易于形成好的炉帮。

（2）碳化硅破损主要在铝液与电解质界面处，对其破损机理将进行专题分析。因此，生产管理一定要从焙烧启动时开始就形成真正的冰晶石炉帮，由于炉帮的初晶温度高于正常生产时电解质熔体温度100～150℃，因此，槽温高或效应后就不会熔化炉帮。反之，低分子比炉帮，如以后生产调整的炉帮，由于其和正常电解质初晶温度几乎相等，从而表现为槽温高，立刻发生炉帮熔化现象，直观表现为效应后红炉帮，甚至于侧部发生漏槽。

（3）侧部散热量大也是破损的主要原因，采取增加槽膛深度、使人造伸腿高度高于铝液电解质界面等措施，对形成炉帮、杜绝界面破损大有益处。另外，侧部强制风冷、焊接散热器等对炉帮形成也都有很大帮助。

（4）不停槽补炉是成功的，但生产过程中如何形成冰晶石炉帮不破损才是上策之举。

2.2.2　材料的优化

2.2.2.1　材料的成分

Si_3N_4作为材料的结合相，与 SiC 相比，其抗冰晶石等能力较弱，应适当控制其含量，以保证材料有较好的物理性能。材料的主成分 $w(Si_3N_4+SiC)>96\%$，$w(CaO+Al_2O_3+Fe_2O_3+SiO_2)<1.5\%$，从而使侧块材料对冰晶石、铝液和电解质等有绝对的惰性[37]。

2.2.2.2　提高密度，降低气孔率

材料的气孔，特别是开口气孔大，很容易受电解质液体的侵入，增加液体与侧块材料的接触面积，使材料受到侵蚀。推荐密度大于 $2.68g/cm^3$，气孔率小于或等于15%。另外，提高材料的高温抗折强度、抗热性、热导率，降低膨胀系数等都有一定意义。

2.3　碳化硅侧块破损机理

2.3.1　电解质液-气界面氧化破损

氮化硅结合碳化硅材料具有优异的抗氧化性能、较高的导热性，

但炉帮不存在时，热传导和抗腐蚀性能将受到影响[38]。碳化硅在940～960℃时，体积损失仅为2.5%，1000℃时体积损失上升至4.4%，有炉帮保护的氮化硅结合碳化硅材料很难被剥蚀，如效应发生后电解质温度很快上升至990～1000℃时，炉帮会变薄，碳化硅材料在高温状态下容易被腐蚀[39]。文献［27，40～43］指出碳化硅具有良好的抗电解质腐蚀性，具有很强的抗高温空气氧化的能力，而氮化硅抗电解质腐蚀性能较差，碳化硅砖中的黏结剂是一道薄弱环节。侵蚀形式主要是电解质渗透，在电解液-气界面，电解质对侧块腐蚀加重，发生的腐蚀反应如下：

$$SiC + 2O_2 = SiO_2 + CO_2\uparrow \quad (2\text{-}6)$$

$$2SiO_2 + NaAlF_4(g) = SiF_4\uparrow + NaAlSiO_4 \quad (2\text{-}7)$$

$$2Si_3N_4 + 3NaAlF_4 + 6CO_2 = 3SiF_4\uparrow + 3NaAlSiO_4 + 6C + 4N_2\uparrow \quad (2\text{-}8)$$

$$2SiC + NaAlF_4 + 2O_2 = SiF_4\uparrow + NaAlSiO_4 + 2C \quad (2\text{-}9)$$

2.3.2 电解质和铝液界面破损

2.3.2.1 界面波动

要寻找到最佳的电解质、铝液界面形状和最低的流速场，已被证明是件很困难的工作[44]。文献［45］指出，工业电解槽上气体析出是引起电解质搅动的重要原因，阳极离阴极远些，搅动程度小些；靠近些，搅动程度增大。图2-16示出电解槽内电解液与铝液界面液体的流动模型。电解槽内金属-电解质界面上的界面张力梯度与气体排放而引起的流动特性有关[46]。由于垂直磁场与铝液中水平电流作用形成强大的回流，水平磁场对铝液垂直电流形成表面隆起，加之阳极电流不均，伸腿长水平电流大，电解槽局部长期稳定性差，炉帮形成非常困难，从而形成恶性循环，更加剧了铝液流速场变化。由于电磁力的作用，铝液及电解质中的氧化铝不停地对碳化硅侧块进行物理摩擦、剥蚀。从实际破损侧块的断面可以清楚地看到非常有规律的弧形，证明如果没有电解质炉帮的保护，电解质铝液界面波动可以在一年内将侧块腐蚀掉1/2～2/3，从而发生红炉帮或侧部漏槽等现象。

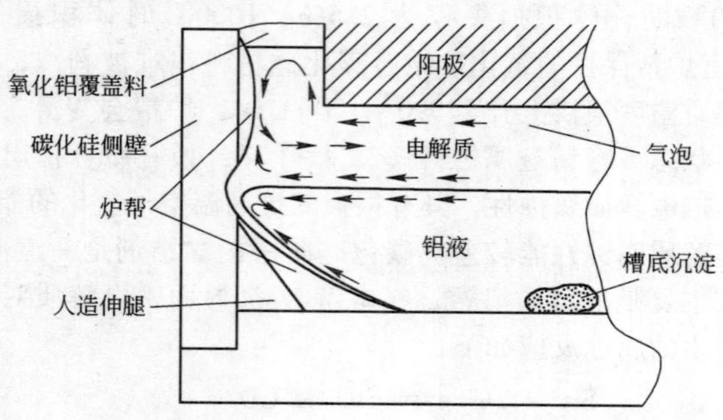

图 2-16 电解槽内电解液与铝液界面液体的流动模型

Fig. 2-16 Circulative model of electrolyte and metal interface

2.3.2.2 Na^+侵蚀

电解质的Na^+侵蚀使得碳化硅侧块结构疏松、膨胀、炸裂，加之侧块背部氧化，最终导致侧块粉化，失去侧块骨架保护的作用。

2.3.2.3 界面潜热

碳化硅侧块散热性能很好，但如果没有冰晶石炉帮的保护，碳化硅砖和炭块几乎相差无几。实际上界面处炉帮最薄或没有炉帮，大量的热量将从界面处散出，长时间会直接影响侧块破损。

2.3.2.4 热耗机理

每一个电解槽的单位安培的热损失[33] $a_{热耗} = V - 1.639\eta - 0.682$，0.682是个常数，式中$V$为槽电压；$\eta$为电流效率。若电流效率和槽电压一定，这个常数就是不变的。降低电解质温度和初晶温度对提高电流效率有益，降低过热度不仅可以增厚槽帮结壳，降低槽壳侧壁温度，而且延长槽寿命。160kA、200kA、230kA、300kA电解槽槽壳表观面积分别为0.220、0.190、0.188、0.171m^2/kA[24,48]。大家普遍感到300kA电解槽较200kA以下电解槽难以操作，焙烧槽中心温度偏高、正常槽炉帮难以形成的道理就在这里。因此，如采取6~10℃过热度、减薄阳极保温料、加强侧部散热等措施都有利于侧部炉帮生成。

2.4 工艺改进

侧块破损的位置集中在某一特定位置，2003 年，新西兰专家 B. J. Welch 教授在洛阳召开的中新丹“铝电解技术和应用”的会议上指出，电解槽出电端 B 大面特定位置侧部炉帮形成不好是 300kA 电解槽上的通病[49]。

电解槽槽寿命问题是国内外专家及技术人员一直关注并想解决的重大课题，其中炉帮形成、阴极炭块运行状况是槽寿命最为致命的因素，伊川 300kA 电解槽于 2006 年 2 月 24 日达到 514 台，年产量达到 40 万 t，每台电解槽是否安全、高效运行将直接影响公司的经济效益与安全。

2.4.1 过热度控制

采用过热度控制，将氧化铝含量控制在相当稳定的水平，从而进一步降低效应系数，且炉底无沉淀和结壳，槽况更加稳定，最终取得降低直流电耗和提高电流效率，而且炉帮形成完好的效果。

2.4.2 解决阳极炭块掉渣问题和电解质中炭粒分离技术

工业电解质中有很多小炭渣，其粒度为 5 ~ 10μm，不仅使槽温升高，而且使电压升高，从而影响电解生产。通过技术开发解决现有阳极炭块掉渣问题，并能及时检测工业电解质中的炭粉含量，使其及时分离出来，从而实现槽温稳定，减少槽温波动，降低电压 0.05V；而且对炉帮形成大有益处，稳定了硅含量，提高了原铝质量。

2.4.3 电解槽内衬材料导热性能的检测

检测碳化硅砖、阴极炭块、耐火砖、干式防渗料、保温砖、氧化铝等材料的热导率，寻求铝液和电解质界面的传热系数，探明侧块界面处破损的真正原因，最后找到形成稳定炉帮的措施。

2.4.4 开发开槽阳极

2003 年，B. J. Welch 教授在洛阳召开的中新丹“铝电解技术和应用”会议上指出，阳极开槽可以改变电解质流动状态，可以将边部的热量和气体通过槽沟传导至中部，并有效地减少阳极底掌下气膜电阻，而且对形成炉帮和提高电流效率等大有益处[49]。文献［50］对阳极不同排气沟时周围电解质流动场进行了仿真计算，认为阳极底部开沟不仅可促进气体向外界排放，可减小电解质流速，有利于槽内的传质传热，有利于减小阴极铝液与阳极气体发生二次反应的机会，从而有利于提高电流效率。开槽阳极可大大降低阳极过电压，改善阳极气泡运动，从而使边部热量向槽中部传输，使边部炉帮形成良好，电流效率可大大提高。先进的管理经验虽能为企业节能降耗、降低成本，但到了一定程度，还必须依靠技术创新、技术研究与技术开发挖掘电解槽潜力。

2.4.5 优化焙烧启动技术与工艺

焦粒焙烧可使阴极炭块焙烧温度均匀，平均可在 900 ~ 1000℃，但是侧部温度，特别是人造伸腿焙烧温度并不均匀，会导致人造伸腿早期破损，致使电解质发生渗透，为以后正常生产留下隐患。如果该处筑炉材料有质量问题或是扎糊质量不佳，且焙烧过程发生偏流，可能会造成电解槽早期漏炉。

2.4.6 生产管理工艺

要高度重视大型电解槽的热平衡。热收入过大，特别是病槽、热槽，效应时间过长，侧部散热过大，会化空炉帮，炉帮不易形成，或者根本就没有炉帮。因此过热度控制、效应控制、氧化铝含量自动化控制等显得特别重要。电解槽平稳生产是炉帮形成和长期保持的基础。生产工艺要做好槽温，特别是过热度的管理，过热度为 6 ~ 10℃是合适的，如果大于 20℃，甚至 30℃以上，就不可能形成炉帮。因此，电解槽的管理要综合考虑电压热收入的高低、过热度和分子比、氧化铝含量和溶解度等的关系，以及侧部散热、其他部位散热等问题。

2.4.7 碳化硅侧块破损的标志

原铝质量和硅含量是碳化硅侧块是否破损的标志，当然要排除其他原材料硅含量的变化，就像铁含量是阴极炭块破损的标志一样。实践表明，硅含量在0.08%～0.10%，就要高度重视侧部碳化硅是否破损。

2.5 工业生产的对策与措施

2.5.1 操作工艺

操作工艺上采取以下措施：

（1）减薄阳极上面的覆盖料，特别是大面上的保温料要露出压板散热带。

（2）不主张采用大面加工的办法形成炉帮，但对局部发红部位可因槽制宜地采取局部加工的办法防止侧部漏槽。

（3）降低效应系数至0.1次/(槽·日)以下，杜绝长时间效应。

（4）技术条件要保持合理，要控制槽温平稳。

2.5.2 300kA电解槽侧部破损的维护

对侧部破损电解槽采取以下措施加以维护：

（1）加强职工责任心，对破损电解槽部位加强巡视，特别是效应后，对该部位局部轻微发红可采取吹风降温，严重者可打开侧部、边部加氟化钙、镁砂、面壳块等进行局部加工；换极时要保护侧部已形成炉帮，严禁用机组加工、扎边，仅允许人工加工；落实修复补炉及日常维护攻关工作。

（2）控制效应系数小于0.1次/(槽·日)，效应时间严格控制在5min。效应后2h对破损部位严格监视，如发现局部发红，必须采取局部加工和风冷结合的办法，直至隐患解决。

（3）加强阴极电流分布、钢棒温度、槽壳温度测试工作，每天至少一次，严重时每班一次，以便于槽况分析。

2.5.3 补救措施

补救措施有:

(1) 侧上部修复。将破损部位边部打开,清理干净破损碎块、粉末及其他杂物,用碳化硅粉和专用黏结剂混合物加到破损侧块处,用木棒捣打成型,边部加氟化钙进行保护,然后加氟化钙、镁砂、面壳块等进行局部加工。

(2) 侧块更换。采用不停槽进行侧块整体更换。

修补好的炉帮不再发红,对电解槽平稳生产起到了积极的影响,硅含量明显下降并恢复正常,电解槽运行正常。

2.6 炉帮形成的成功经验

伊川第二铝厂自 2004 年 10 月投产,2006 年 2 月 24 日 258 台电解槽全部投产。电解槽进行了以下优化设计与工艺改进:

(1) 电解槽两大面侧部钢壳焊接了钢制散热器,两小头加强自然散热,并且将工作平台由原来的 2.6m 提高至 3m,从而加强了侧部散热。

(2) 侧部碳化硅的厚度由 75mm 增加至 90mm。

(3) 侧部碳化硅的高度由 550mm 提高至 600mm。

(4) 人造伸腿改平缓型为陡直型,提高了人造伸腿高度。

(5) 三场设计优化,改善出电端位置阴极电流分布和铝液流速。

(6) 启动后期管理三个月,分子比和槽温缓慢降低。第一个月分子比为 2.9~3.0,第二个月为 2.8~2.9,第三个月为 2.6~2.8,从而形成高分子比冰晶石炉帮。启动 6 个月后分子比达到 2.3~2.4,从而实现电解槽安全平稳高效运行。

(7) 启动后 3 天铝水平(铝液高度简称“铝水平”)为 14cm(通过灌铝),第一个月不超过 18cm,6 个月后达到 22~24cm,加强了电解槽底部散热,从而炉帮形成陡直,减少了水平电流,电解槽保持长期稳定且电流效率高于 94%。

伊川第二铝厂 431 号和 423 号电解槽,由于阴极炭块质量原因造成电解槽停槽。通过剖炉观察(图 2-17~图 2-22),可以看出电解槽炉帮形成完好，说明电解槽的破损不是发生在侧部上，是由于阴极炭块质量原因引起的，同时证实以上工艺改进与优化设计是合理的。

图 2-17 423 号槽形成完好的炉帮

Fig. 2-17 Good cell side ledge of the cell No. 423

图 2-18 423 号槽炉帮清理后完好的碳化硅

Fig. 2-18 Good SiC bricks protected by good ledge of the cell No. 423

图 2-19 423 号槽最薄处的炉帮厚度

Fig. 2-19 Thickness of ledge on the cell sidewall of the cell No. 423

图 2-20 423 号槽 A 面进电端碳化硅侧块情况

Fig. 2-20 Good SiC at A side of the cell No. 423

图 2-21 423 号槽 B 面出电端炉帮形成状况

Fig. 2-21 Good ledge formation at B side of the cell No. 423

图 2-22 423 号 B 面出电端碳化硅状况

Fig. 2-22 Good SiC at B side of the cell No. 423 busbar

图2-23、图2-24和表2-2所示为423号槽炉帮断面电解质取样分析。从表2-2可以看出，炉帮的分子比从侧砖到炉膛呈明显的阶梯状排列，这说明启动初期各项技术条件匹配比较合理，初期形成炉帮的分子比都在2.8～3.0之间，厚度为2～4cm；分子比为2.6～2.8形成的炉帮厚度为3～7cm，分子比为2.3～2.6形成的炉帮厚度为4～5cm，总体炉帮厚度为13～15cm不等。

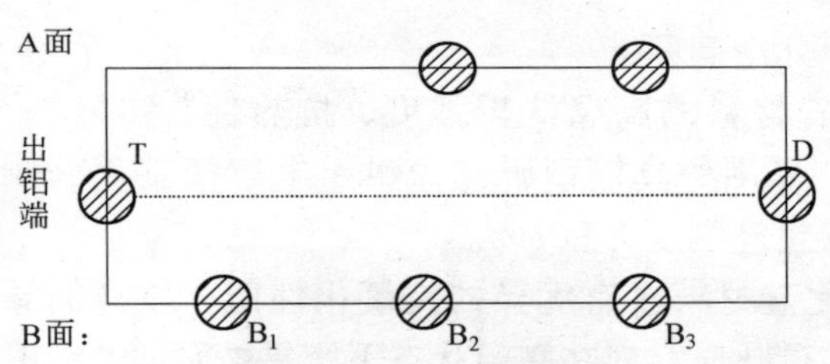

图2-23 423号槽取样图

Fig. 2-23 Ichnography of sampling location

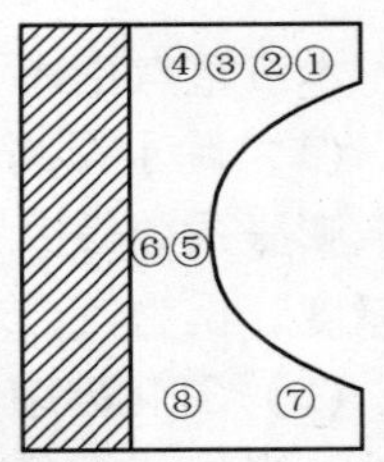

图2-24 423号槽炉帮断面取样点图

Fig. 2-24 Cross-section area of sampling location

表2-2 423号槽炉帮电解质取样分析表

Table 2-2 Sample analysis results of the No. 423 cell's sidewall

指标	样号															
	B2-1	B2-2	B2-3	B2-4	B2-5	B2-6	B2-7	B2-8	T1	T2	T3	T4	T5	T6	T7	T8
$w(Al_2O_3)$ /%	1.74	1.34	1.94	1.18	1.76	3.28	9.38	20.2	0.12	5.90	19.9	5.16	3.26	3.50	4.54	23.2
分子比	2.37	2.64	2.87	2.97	2.74	2.84	2.78	2.88	2.50	2.78	2.78	2.92	2.68	2.88	2.28	2.92
$w(CaF_2)$ /%	5.82	4.55	5.75	4.05	4.41	4.78	3.73	3.30	3.78	6.89	6.60	4.08	4.71	4.90	4.56	2.30

总之，氮化硅结合碳化硅是加强电解槽侧部散热非常理想的材料，对电解槽侧部炉帮的形成非常有利，如果没有炉帮保护，碳化硅侧块和炭块则相差无几。因此，要从设计、材料、筑炉质量、焙烧启动、生产工艺管理等各个环节进行改进完善。伊川第一铝厂对于个别

槽局部位置侧块进行不停槽更换是非常成功的，对电解槽炉帮的形成和槽寿命的延长等有重要意义，避免了巨大的经济损失，具有很好的社会效益。伊川第二铝厂通过对优化设计与工艺改进，形成真正的电解槽炉帮，电解槽安全平稳高效运行，对比第一铝厂的槽况可以预计第二铝厂电解槽的槽寿命将达到2000天以上。

2.7 本章小结

本章重点论述了以下几个问题：

(1) 除了提高碳化硅材料的高温抗折强度、抗热性、热导率，降低膨胀系数等因素外，采用仿真模型研究300kA电解槽碳化硅侧壁厚度，认为较合理的碳化硅厚度为90mm。

(2) 氮化硅结合碳化硅材料具有优异的抗氧化性能、较高的导热性，当炉帮不存在时，碳化硅材料在高温状态下容易被腐蚀。在电解质液和气界面发生空气氧化和电解质侵蚀联合腐蚀，没有炉帮保护的电解质和铝液界面受到铝液长期冲刷而腐蚀。

(3) 解决了阳极掉渣而发生的电解质过热等技术难题，采用开槽阳极、优化焙烧启动工艺和通过技术升级，采用计算机控制过热度，同时加强管理，可以维持铝电解槽的炉帮厚度，保护侧部碳化硅，延长其使用寿命，避免侧部漏槽的发生。

3 阴极破损机理与阴极新材料应用

阴极破损是影响电解槽使用寿命的直接原因，我国大型预焙槽槽寿命较短，阴极质量是重要的影响因素。另外新建厂经验不足，工期较紧，匆忙上阵，材料采购、筑炉与生产管理不到位等因素也严重影响电解槽的使用寿命。

从实践中获知，注意选择生产厂家的筑炉材料，严把大修槽材料质量关是提高槽寿命的关键之一[51]。青海铝厂160kA电解槽投产初期，由于生产管理没有很好跟上，1988～1991年间早期破损槽寿命平均为756d，1992～2000年以来早期破损槽寿命为1006～1486d。平果铝厂160kA一代电解槽早期破损槽平均槽龄为625.79d，第二代槽平均槽龄为723d[52]。通过提高整体扎固质量，避免过扎、欠扎、剥层现象，也可以直接提高电解槽寿命。目前平果铝厂160kA电解槽平均寿命达1318d，在产槽平均已达1899d[53]。贵州铝厂通过不断摸索和管理，电解铝厂第二系列160kA电解槽2000年平均槽寿命已达1760d，第三系列平均已达1840d，槽寿命突破3000d的槽子已有16台[54]。1998年以来，国内新建160kA、186kA大型预焙槽槽寿命基本上普遍达到1800d以上，预计可达到2000d。我国大型预焙槽槽寿命的提高，主要应归功于成功的焦粒焙烧启动与软连接技术、槽型设计、三场优化、合理的母线配置、新材料的使用，加之电解槽工艺技术条件优化和计算机模糊控制水平的不断提高，以及电解厂家各项管理和员工素质及经验的不断提高，为铝电解槽寿命超过2000d提供了可靠的保证。

截至2005年4月，伊川铝厂300kA电解槽槽寿命已达到1000d，电解槽运行平稳，但是为了整个大修计划，有些电解槽在完好的情况下必须提前安排大修。研究300kA电解槽阴极破损机理和一个系列20万t电解槽计划大修如何更安全、经济、科学等技术非常有意义，特别是自2003年以来中国20万t电解槽系列已超过10个以上，具有一定的社会价值。

3.1　电解槽早期破损分析

电解槽开始启动一年半之内，因阴极内衬破损停槽大修称为早期破损。文献［55］指出我国电解槽阴极内衬破损、电解质渗漏和渗透的类型可分为侧部漏铝、侧部漏电解质、钢棒孔漏铝、钢棒孔漏电解质、底部漏铝、底部漏电解质、槽壳侧部发红、槽壳底部发红、钢棒严重熔化、侧部炭块上抬 10 种。电解槽中后期破损主要是由于炭素内衬和底糊抗侵蚀性差，致使槽寿命不长。

电解槽渗漏的主要原因是由于炭衬材质、施工质量及焙烧启动和早期生产温度不合理等造成，其中焙烧启动和生产时温度剧烈波动是早期破损的导火线。

（1）铝渗透的主要通道是周边糊、炭间糊与阴极炭块、浇注料之间的间缝，阴极炭块和钢棒及炭块与耐火砖之间结合部构成的连通缝隙或孔洞，渗透速度越快，内衬膨胀与破损速度越快，停槽将是必然。

（2）底部炭衬早期破损，主要是电解槽长期过热，高温引起各部等温线下移，从而加剧底部炭块剥层、上抬、断裂。

（3）侧部漏炉主要是形不成冰晶石炉帮，侧部炭衬受到高温电解质不断冲蚀等物理化学作用而消耗，侧块上部则氧化严重，下部渗透，致使侧块不断上抬，从而引起破损停槽。

一般地说，电解槽阴极内衬寿命在 1200 ~ 2800d 生产后就可停槽，红炉帮和高硅是侧部炭块破损的信号，高铁是阴极炭块破损的重要标志[56]。达到下列条件之一的可按计划停槽大修：

（1）炉底压降平均超过 450mV。

（2）电流效率低于 88%。

（3）原铝分析铁含量≥1.0%，且查明非外部和阳极原因。

（4）槽况恶化极难恢复、核算单槽运行费用亏损严重的电解槽。

（5）严重漏槽，无法恢复的电解槽。

（6）阴极破损严重的电解槽。

纵观槽寿命大于2500d的电解槽，筑炉材料和筑炉质量好，焙烧启动冲击电压低且焙烧温度均匀，正常生产电解质温度波动较小，电解槽运行平稳，经停槽剖炉分析，阴极炭块底部渗透虽多，但阴极内衬上抬较平缓，阴极内衬断裂较小。

高龄槽渗透物同样引起炉底上抬而不漏的主要原因是炉底始终保持一个完整的整体，特别是人造伸腿非常坚固，几乎无渗铝；从炉底明显的分层和物相存在形式可以看出，可能是优质炭块始终保持漏铝但不足以使反应大规模进行，槽底上抬速度非常缓慢，内衬裂缝很小且被电解质及时充填。从而说明筑炉材料的质量和扎糊工艺质量是至关重要的。

3.2　工业剖炉实验与破损机理分析

3.2.1　阴极炭块表面和横断面破损情形

2005年3月31日，伊川第一铝厂对108号、110号、202号、210号4台电解槽进行干法剖炉研究。通过观察发现，108号的阴极表面破损较严重，有漏眼、裂缝、冲蚀坑和隆起区域。最长的横向裂纹由第4块阴极延伸到第14块，裂纹宽度约为3~5mm。第8、9块阴极的纵向裂纹深度约为20cm。但是在第5、6块阴极位置间有一漏眼，其长约为40cm，宽约13cm。这是该电解槽漏槽的主要原因。图3-1所示了阴极表面有较多腐蚀坑。其产生原因有两个：

（1）沉降到炉底的氧化铝在流场作用下长期冲刷阴极表面。

（2）铝和碳生成的Al_4C_3在铝液和熔盐中溶解后[57]形成冲蚀坑。300kA电解槽阴极隆起变形较小。但也可以看到由于材料质量问题导致阴极表面裂纹严重，如图3-1上面的放大图所示。

从阴极剖炉断面可以看出，有黄色的碳化铝生成，如图3-2所示。由于电解槽破损程度不同，阴极底面不同程度地存在电解质等渗透物质。从图3-2中可以看出，阴极钢棒变形不是太严重；个别部位人造伸腿处有铝液渗透现象，但大部分没有渗透物质存在，如图3-3和图3-4所示，从侧部碳化硅背面可看到有电解质渗透现象；炉底保温砖和防渗料下面有电解质和铝液渗透现象发生，如图3-5和图3-6

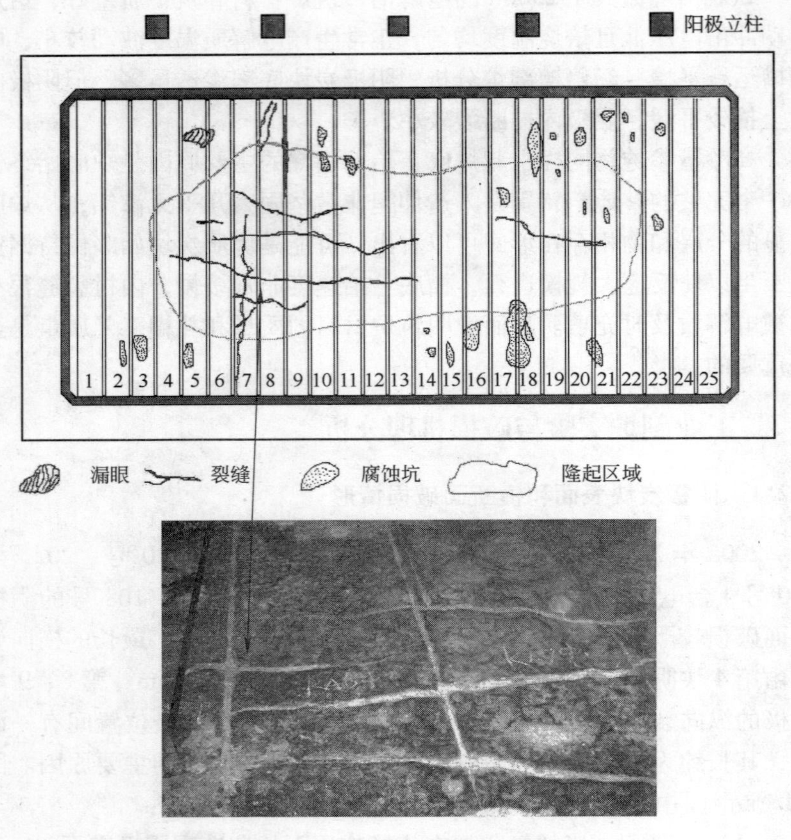

图 3-1 干法剖炉后的铝电解槽阴极表面

Fig. 3-1 An ichnography of the shutdown cell cathode blocks surface

所示，这也解释了为什么电解槽焙烧启动和正常生产过程中有时会发现炉底钢板温度达到200℃甚至400℃以上等问题。

总结大修情况可以看出，除个别阴极质量以外，阴极炉底较好，隆起变形较小；人造伸腿处渗漏情况不是太严重；阴极间缝处渗漏和碳化铝生成较为普遍，因而阴极炭块质量与间糊质量及筑炉质量对槽寿命非常重要。

图 3-2 电解槽炉底横断面形状

Fig. 3-2 Cross-section of the shutdown cell bottom

图 3-3 210 号大修槽阴极表面图

Fig. 3-3 Cathode surface after cleaning electrolyte at cell retrofit of No. 210

图 3-4 210 号大修槽阴极下面防渗层

Fig. 3-4 Anti-penetration layer under the cathode blocks of the cell No. 210

图 3-5　202 号槽防渗料下层电解质渗透

Fig. 3-5　Electrolyte founded under the anti-penetration layer in the cell No. 202

图 3-6　202 号槽保温砖层间铝液渗透

Fig. 3-6　Aluminum penetration into the gap of fire bricks in the cell No. 202

3.2.2　破损阴极炭块局部分析

在长期生产过程中，经常会出现阴极钢棒膨胀，炭内衬中钠渗透、热膨胀、槽底上抬、断裂、冲蚀、磨损、剥层，以及炭内衬下部各种渗透物的逐渐充填等现象。

通过纵向切开电解槽炉底，跟踪渗透物（多为电解质）渗透的踪迹，并由上至下在不同部位取样分析电解质与周围物质接触后反应的产物，发现渗透物大多是电解质以 Na_3AlF_6、Al_2O_3形式存在，渗透物也包含极少量的铝自阴极炭块以毛细现象或在炭间缝渗漏。如果渗透物中包含铝液，则铝液遇到钢棒时，熔化钢棒后生成铝铁合金，如图 3-7 所示为图 3-2 中漏眼下方被严重腐蚀的阴极钢棒。有的在电流作用下生成黑色不规则针状铝硅铁合金，XRD（X 射线衍射：X-ray diffraction）分析表明存在 AlSiFe、$Al_{13}Fe_4$、Fe_3Al 等相。

图 3-7 被铝液和电解质腐蚀后的阴极钢棒

Fig. 3-7 Steel bar eroded by metal and electrolyte

渗漏物质中各层均发现 NaF 的富集，可见钠渗透无处不在，对电解槽损坏很大。渗透物质和耐火砖反应腐蚀，生成 NaF、霞石、α-Al_2O_3、Al_4C_3和 β-Al_2O_3等，即通常所说的灰白层和玻璃状化合物，文献［58］对其做了相关研究。图 3-8 所示为图 3-2 中漏眼下方的保温砖被渗透物腐蚀后的变化情况。

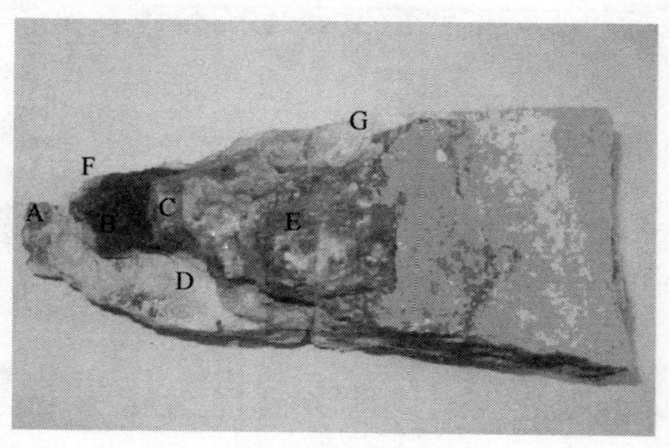

图 3-8 被渗透物腐蚀的保温层

Fig. 3-8 The eroded insulation layer

对图 3-8 中不同部位取样进行 X 射线衍射分析，其相应物相组成如下：

A：$Na_3AlF_6 + Na_6Al_6Si_{10}O_{32}$；

B：$Na_7Al_7Si_9O_{32} + NaF + NaAlSiO_4$；

C：$Na_7Al_7Si_9O_{32} + NaF + NaAlSiO_4$；

D：$Na_3AlF_6 + Na_6Al_6Si_{10}O_{32} + CaF_2 + NaF$；

E：$Na_3AlF_6 + Na_6Al_6Si_{10}O_{32} + NaF + CaF_2 + NaAlSiO_4$；

F：$Na_3AlF_6 + Na_6Al_6Si_{10}O_{32} + NaF + SiO_2$；

G：$Na_3AlF_6 + Na_6Al_6Si_{10}O_{32} + NaF + SiO_2 + Na_6KAl_7Si_9O_{32}$。

3.2.3　破损机理

3.2.3.1　电解槽阴极破损机理分析

图 3-9 所示是工业铝电解槽阴极系统中的电化学反应示意图，其反应包括析出铝和钠，以及生成碳化铝。在电解质和铝液层之间的扩散层发生铝和钠的析出：

$$Al^{3+} + 3e = Al \tag{3-1}$$

$$Na^{+} + e = Na \tag{3-2}$$

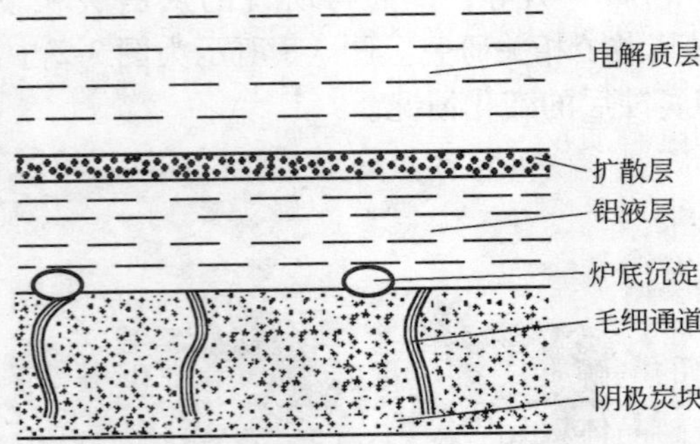

图 3-9　炭阴极中的电化学反应

Fig. 3-9　Electrochemical reaction near the carbon cathode blocks

阴极破损机理一般由以下几种情形引发。

(1) 在阴极表面生成碳化铝：

$$4Al(l) + 3C(s) \xlongequal{\quad} Al_4C_3(s) \tag{3-3}$$

在950℃时，$\Delta G_T = -149\text{kJ/mol}$。有冰晶石熔体存在时对上述反应起到催化作用。

碳化铝覆盖于炭阴极上时，阴极电压增大。XRD（X射线衍射）分析发现废旧阴极中含有NaF、Al_4C_3、Na_3AlF_6、Al_2O_3、$Na_2O \cdot 11Al_2O_3$。

底部破损偶然发生在通过生成碳化铝形成冲蚀坑的情况下，在金属中碳化物有一个缓慢的溶解过程，随着冲蚀坑穴的形成，铝与阴极钢棒越来越接近，加速了碳化铝的生成和进一步溶解。阴极化学反应如下[59~61]：

$$12Na(g) + 3C(s) + 4Na_3AlF_6(l) \xlongequal{\quad} Al_4C_3(s) + 24NaF(l) \tag{3-4}$$

生成的碳化物发生在电解槽底部的沉淀中，或在侧部没有凝固电解质保护的地方，任何溶解的碳化铝都将被阳极表面产生的二氧化碳所氧化。

（2）钠的吸收。槽底破损的主要原因是由于吸收钠和电解质产生的各种反应所致，底部内衬破损的主要信号是炭块的破裂或氟化物粗大晶体的长大，产生破裂的作用力主要是电解槽启动初期渗透物结晶膨胀；钠和电解质反应，发生钠吸收：

$$3Na(g) + Na_3AlF_6(l) \xlongequal{\quad} 6NaF(s) + Al(l) \tag{3-5}$$

$$4Na_3AlF_6 + 12Na + 3O_2 \xlongequal{\quad} 2Al_2O_3 + 24NaF \tag{3-6}$$

钠与渗透的电解质发生反应，较高分子比的电解质渗透充满孔洞后或毛细管被结晶体堵死后停止：

$$22Na_3AlF_6 + 68Na + 17O_2 \xlongequal{\quad} Na_2O \cdot 11Al_2O_3 + 132NaF \tag{3-7}$$

Na与C生成钠-碳嵌入化合物而发生摩尔体积变大，也直接导致膨胀断裂：

$$32C(s) + Na(g) \xlongequal{\quad} C_{32}Na(s) \tag{3-8}$$

$$4Na + 3O_2 + 2C \xlongequal{} 2Na_2CO_3 \tag{3-9}$$

（3）钢窗口密封不严，空气进入内衬，直接在阴极内衬下产生钠-碳-空气的反应，导致内衬破损：

$$2Na + 2C + N_2 \xlongequal{} 2NaCN \tag{3-10}$$

$$2Na_3AlF_6 + N_2 + 6Na \xlongequal{} 12NaF + 2AlN \tag{3-11}$$

$$2Na(g) + \frac{1}{2}O_2(g) + 11Al_2O_3(s) \xlongequal{} Na_2O \cdot 11Al_2O_3(s) \tag{3-12}$$

（4）电解质渗漏，下部耐火砖受熔体侵蚀：

$$8Na_3AlF_6(l) + 3(3Al_2O_3 \cdot 2SiO_2)(s) \xlongequal{} 6SiF_4\uparrow + 24NaF(s) + 13Al_2O_3(l) \tag{3-13}$$

$$8Na(g) + 5(3Al_2O_3 \cdot 2SiO_2)(s) \xlongequal{} 8NaAlSiO_4(s) + 2Si(s) + 11Al_2O_3(s) \tag{3-14}$$

（5）钢棒熔化，电解槽内衬破损渗漏：

$$Al(l) + 3Fe(s) \xlongequal{} AlFe_3(s) \tag{3-15}$$

$$3Na(g) + Na_3AlF_6(l) + 3Fe(s) \xlongequal{} AlFe_3(s) + 6NaF(s) \tag{3-16}$$

$$4Al(l) + 3SiO_2(s) \xlongequal{} 2Al_2O_3(s) + 3Si(l) \tag{3-17}$$

$$Al(l) + Si(l) + Fe(s) \xlongequal{} AlSiFe(s) \tag{3-18}$$

当电解质和钠与阴极钢棒接触时：

$$Na_3AlF_6 + 3NaF + 3Fe \xlongequal{} AlFe_3 + 6NaF \tag{3-19}$$

3.2.3.2　腐蚀过程机理

铝电解槽启动初期，由于阴极炭块存在孔隙，加上电毛细渗透力的作用，钠离子向炭阴极中渗透，引起阴极炭块体积膨胀，同时，在阴极少量金属钠伴随铝同时还原析出，金属钠与碳生成钠-碳嵌入化合物 $C_{32}Na$，而发生摩尔体积变大，也直接导致膨胀断裂。

阴极上的金属铝和碳也反应生成碳化铝。碳化铝在铝液和电解中均能发生溶解，留下腐蚀坑。

未能及时溶解的氧化铝沉淀到阴极表面，形成炉底沉淀。该沉淀在磁流场的作用下长期不断冲刷阴极表面，在表面留下冲蚀坑。

铝和电解质等向阴极炭间缝、边缝处渗透，腐蚀阴极底部的耐火材料、保温材料和钢棒，也是造成阴极破损的原因之一。

采用石墨化阴极材料和提高筑炉质量，是延长电解槽寿命的关键；同时可以降低阴极的电压降，达到节能降耗的目的。

3.2.3.3 槽寿命的关键

通过对32台大修槽剖炉的研究分析，可以看出影响电解槽寿命的原因主要有以下几个方面：

（1）300kA电解槽槽寿命的关键决定于阴极炭块质量的优劣。电解槽阴极炭块质量的优劣，不仅影响电解槽的槽寿命，而且直接影响到电解槽的技术指标和经济指标。比如2005年第一工段已经大修的108号槽和110号槽，这两台槽在剖炉过程中，发现阴极隆起和破损情况较严重，阴极炭块有多处裂缝（如图3-2所示），并且铝液已从裂缝渗入到槽内衬和槽底钢板上。108号槽有9根钢棒被熔断，110号槽A面第12组阴极钢棒被熔断。在正常生产中，这两台槽不仅发生多处阴极破损被迫进行修补，且在2004年11月8日中午和9日凌晨108号槽接连发生两次不同位置的底部漏炉，110号槽烟道端炉底钢板温度曾突然高达470℃，给车间的生产管理带来了巨大压力。但在第二工段202号槽和210号槽的剖炉过程中，发现阴极炭块还良好，这与阴极炭块生产质量关系密切。所以使用质量不稳定的阴极炭块，不仅电解槽的安全隐患难以消除，而且电解槽的生产指标和槽寿命也难以保证。所以在电解槽大修过程中，一定要总结前期电解生产经验，把好大修材料质量关，这是提高电解槽生产指标、延长电解槽寿命的关键。

（2）300kA电解槽槽寿命还决定于筑炉质量。前期因在厂房内修复槽壳和首次采用在300kA电流下不停电焊接技术等新的大修工艺，出现了补焊的槽壳钢板焊缝焊接不牢、阴极钢棒头连接硅钢片焊接不紧、压降大等质量问题。

槽壳钢板的修复不到位，加上采用的措施是用火泥找平槽壳后砌侧部砖的方法，很容易使侧部炭块与槽壳间渗入电解质，造成侧块断裂或脱落，对以后电解槽长周期运行有影响。但限于国内材料工艺水平，钢板质量可能比国外要差很多（国外电解槽大修槽壳必须修复得像新的一样平，否则更换新槽壳），但仍需想办法尽量使槽壳钢板修复平整。

阴极钢棒焊接采用的不停电焊接技术，带来很大效益，但其压降平均比不带电焊接高 10mV 左右，需想办法尽量降低焊接点压降。结合第一、第二铝厂的安装经验和今年的大修经验，要进一步改进、完善和细化大修槽筑炉规范和验收标准，使大修质量的控制具有更好的可操作性。

（3）焙烧启动和后期管理方面。通过第一、第二铝厂投产的 514 台电解槽的生产经验可以看出，电解槽焙烧启动的好坏直接影响到电解槽槽寿命和电解槽生产指标。如第一铝厂第 3～8 工段焙烧启动质量就优于第 1、2 工段；第二铝厂焙烧启动就优于第一铝厂，其生产指标明显占优。而在后期管理中平稳、适宜的技术条件保持，是高效率和长寿命的有力保障。

3.3　阴极新材料的应用试验研究

100 多年来，铝电解的阴极基本结构一直没有改变过。尽管如此，现代工业电解槽阴极内衬材料已经与原来的沥青和木炭（或油焦）填充料的原始混合物大不相同了。现代的阴极工艺技术，是材料和设计方面高技术和新知识的产物，能够使电解槽的内衬使用寿命达到 10 年[62]。除了焙烧、启动和生产操作方面的原因外，主要是阴极质量的提高。

铝电解用阴极炭块传统上采用回转窑或煤气煅烧的无烟煤骨料，但近 20 年来，大多数厂家开始供应电煅烧的无烟煤制成的炭块，以及用碳掺和的石墨制造的炭块，或是部分石墨化炭块、全石墨化炭块。

阴极底部材料的选择标准需满足几个方面要求：物理性质上要求电导率高，相对膨胀率低，抗弯强度高，抗磨损好，热导率高；抗蚀性方面要求不与冰晶石电解质起反应，不与铝和钠反应，不溶于铝和冰晶石熔体中，低孔隙度；经济方面要求费用较低，便于加工、便于粘接。根据国内外电解槽生产管理经验，只要阴极的使用寿命长，电解槽的寿命就长。要想保证阴极的长寿命，需保证稳定的阴极产品质量，特别是优质的阴极炭块。好的阴极既能大幅度降低电耗，又能延长电解槽的寿命。为此，本节就几种阴极材料的工业应用情况进行研究。

3.3.1 不同类型的炭阴极材料的应用

无烟煤炭块的充填料是无烟煤，通常加一些石墨碎块，最高焙烧温度为1200℃；半石墨质炭块，粒子石墨化块（黏结焦）最高在1200℃焙烧而成；半石墨化炭块，整块（骨料和黏结剂）为能形成石墨化的材料，加热到2300℃生成半石墨化材料；石墨化炭块，整块（骨料和黏结剂）为能形成石墨化的材料，加热到3000℃生成石墨化材料。不同烧结温度下得到的材料，其热胀系数（阴极膨胀变形的变化量）随着烧结温度的升高而降低[56]。

全石墨化阴极炉底压降低，可以节能降耗，但其槽寿命降低，通过降低阴极开口度、提高阴极密度、提高电化学腐蚀能力等措施可提高全石墨化阴极质量[63]。降低开口度，抗钠侵蚀能力提高，具有较低的电阻率[64]。阴极破损是由于表面生成碳化铝所致，开口度高的阴极碳块易生成碳化铝而破损，全石墨化阴极炭块各项理化指标明显优于普通阴极炭块，但必须降低其开口度[65,66]。

从图3-10和图3-11所示可以明显看出全石墨化阴极炭块和半石墨质阴极炭块的区别。伊川第一铝厂2005年大修采用两台全石墨化阴极进行试验。

图3-10 全石墨化阴极炭块外观

Fig. 3-10 Graphitized cathode blocks

图 3-11　半石墨质阴极炭块外观
Fig. 3-11　Semi-graphitic cathode blocks

2005 年，伊川铝业第一铝厂对 32 台电解槽进行大修时，采用了不同厂家、不同材质的阴极炭块进行试验，用以找到最适用于 300kA 电解槽、性价比最佳的阴极炭块品种。所使用的各种阴极材料和其对应的炉底压降如表 3-1 所示。

表 3-1　阴极品种及其对应的炉底压降平均值

Table 3-1　Cathode blocks and their voltage drops during electrolysis

厂家	石墨含量/%	使用槽号	平均压降/mV
A	30	108、110、132、212	313
	75	106、202、204	301
	100	206、502	283. 4
B	30	418	337. 5
	40	101、111、210、407、408	324. 5
	75	207、228、426、709、723	301. 6
	普通炭块	208、410、501、732	317. 6
C	30	104	299. 7
	75	102	284. 7

3.3.2 不同类型硼化钛阴极涂层的试验

TiB_2阴极对于铝液是一种惰性材料，即与铝液不发生反应，它是由硬质阴极材料 TiB_2或类似导电性良好的材料制成。目前 TiB_2-C 复合物已经进行了较长时间的工业试验，其使用方法有三种：一是在阴极生产过程中采用振动成型法直接在阴极表面形成涂层；二是采用黏结剂把 TiB_2-C 制成糊料，涂覆于阴极表面；三是电镀或喷涂纯 TiB_2于阴极上（目前此法正在研究中）。试验采用前两种方法在 300kA 大型铝电解槽阴极炭块中使用 TiB_2阴极，表 3-2 示出了 TiB_2-C 复合层糊料理化性能指标。

表 3-2 TiB_2-C 复合层糊料理化性能指标

Table 3-2 Physicochemical properties of TiB_2-C compound coating

指 标	灰分/%	电阻率 /μΩ · m	耐压强度 /MPa	密度 /kg · dm^{-3}	真密度 /kg · dm^{-3}	$w(TiB_2)$ /%
目标值	≤55	≤40	≥35	≥1.80	≥2.20	35 ~40
1 号	52.3	35.4	38	1.88	2.27	38.5
2 号	51.2	36.3	47	1.87	2.25	36.8
3 号	53.6	35.7	42	1.92	—	39.1
4 号	52.7	34.3	39	1.91	—	37.2

图 3-12 和图 3-13 分别是中南大学和东北大学电解槽阴极涂层的

图 3-12 中南大学 407 号槽涂层

Fig. 3-12 No. 407 TiB_2 coating painting by CSU

照片。

图 3-13　东北大学 106 号槽涂层
Fig. 3-13　No. 106 TiB_2 coating painting by NEU

除了采用刷涂的办法在阴极表面形成 TiB_2 涂层之外，还可以采用振动成型的方法在阴极表面形成 TiB_2 阴极。

文献［63］报道了振动成型复合 TiB_2 阴极在 76kA 电解槽的开发与应用。经过 7 个月的统计，电流效率提高约 1%，吨铝节电 180kW · h，槽底沉淀少，生产过程平稳。涂层基体配料混捏工艺与常规半石墨阴极炭块基本相同。将基体料均匀地加入到模具中摊平，尽可能使基体表面平整，并将表面扒毛，进行粗糙处理，以增强结合力，随后加入所需的 TiB_2 糊料，摊平并落下重锤，振动成型，重锤压力为 5.0 ~ 8.0MPa，振动时间 5 ~ 10min。焙烧在间断式敞开炉内进行，装炉时一定要保证其竖直，炭块四周填满新筛分的填充料，紧密捣固。为保证炭块质量，采用了较长的焙烧曲线。

图 3-14 所示是某炭素厂为伊川第一铝厂制作的 TiB_2-C 复合阴极炭块毛坯。

TiB_2-C 可湿润阴极炭块已成功地使用，可使阴极与铝液保持良好的湿润性，有效地抵御冰晶石对阴极的侵蚀，极少吸收电解质，电解槽运行稳定；可提高电流效率，降低炉底压降；可明显减少铝液波动，从而大幅度降低极距，节约电解电能。可湿润阴极炭块能较好地

图 3-14 TiB_2-C 复合阴极炭块毛坯

Fig. 3-14 Green cathode with TiB_2-C compound coating produced by compaction

抵抗钠的侵蚀，阴极不会产生隆起，裂纹少，大大减少了电解槽早期破损的几率，从而延长电解槽的使用寿命[67,68]。

3.3.3 结果与讨论

3.3.3.1 不同类型的炭阴极材料

文献［69］以大量图例证实了阴极选择的原则，阴极的寿命决定于槽内衬的可靠性。获得一个好的阴极寿命，槽内衬必须能有效地阻碍氟化盐熔体渗透造成的剥蚀以及钠膨胀的侵蚀。全石墨化阴极可以比半石墨质阴极更有效地抵御钠膨胀，且随着槽龄增长，其性能变化不大。过量的钠膨胀将导致阴极炭块产生裂缝，铝液及电解质大量渗透、堆积，从而造成阴极上抬、隆起，直至断裂。

伊川 300kA 电解槽使用普通阴极炭块的炉底压降设计值是 380mV。实际生产中，管理较好的新电解槽的炉底压降可维持在 350mV 左右。根据上述工业试验测试的数据显示，在大修试验中采用的几种阴极炭块，其压降有 3 种已低于 300mV，分别是厂家 A 的两种半石墨质炭块和厂家 C 的全石墨化阴极炭块。

通过试验得出炉底压降，如表 3-3 所示。半石墨质阴极炭块的压降值，厂家 A 最小，厂家 C 居中，厂家 E 最大；全石墨化阴极的压降值，只有厂家 A 一家的，炉底压降最低，为 261mV。

表 3-3 阴极使用 TiB_2 涂层类型及其炉底压降平均值

Table 3-3 TiB_2-Coating cathodes and their average voltage drops during electrolysis

厂 家	TiB_2 阴极类型	使用槽号	平均压降/mV
A	30% TiB_2 振动成型	618	261
	40% TiB_2 振动成型	109	281.6
C	40% TiB_2 振动成型	118、402、603、731	302.6
D	刷涂 TiB_2 涂层	101、106	301
E	刷涂 TiB_2 涂层	212、407	310

通过实验可以看出，除了焙烧启动和后期管理技术对电解槽的炉底压降产生影响外，优质阴极炭块的炉底压降明显低于一般炭块，因而可明显降低电耗和提高电流效率。如图 3-15 所示，随着石墨化程度的提高，阴极炭块的电阻下降，全石墨化阴极的电阻只有 30% 石墨质炭块的 70%；尽管全石墨化炭块的成本较高，但其节能和延长电解槽寿命的效益将大于成本的支出。

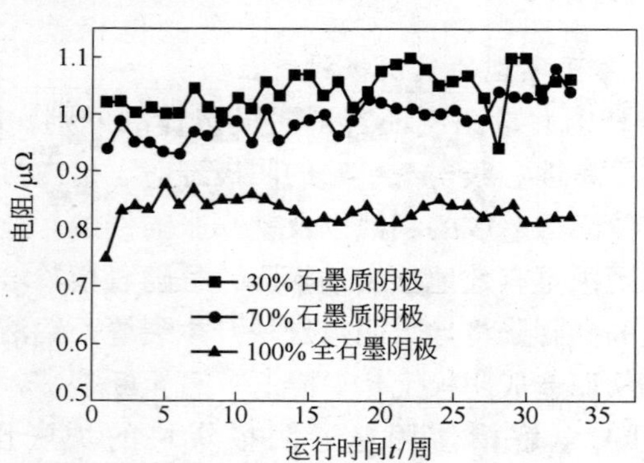

图 3-15 各种不同阴极炭块启动后电阻变化

Fig. 3-15 Variation of electrical resistance of the different cathodes after the cell startup

全石墨化炭块综合效果最好，因嫌其成本太高，目前暂不宜采用。事实上，国外在 1992 年以后已不再使用半石质阴极，全部使用了全石墨化阴极，而且将电流由300kA强化至320kA、350kA。

3.3.3.2 硼化钛阴极涂层

A 槽电阻的变化

根据工业应用测试的数据显示（表3-3），在试验中采用TiB_2振动成型涂层的阴极炭块，即厂家A的两种涂层，其压降值已经低于300mV，其中的30%石墨质复合TiB_2振动成型炭块平均压降只有261mV，虽然其运行时间相对较短（33周），测试次数少，但可以预计正常值应在290mV左右，比普通阴极炭块运行槽平均的350mV低50~60mV。另外由于TiB_2涂层可极大改善阴极与铝液的润湿性，减少炉底沉淀的生成，使电解槽阴极压降能长期保持在较低的水平上，还可提高电解槽电流效率和槽寿命，综合效益很大。

半石墨质复合TiB_2振动成型阴极炭块压降，厂家A的优于厂家C。半石墨质复合TiB_2振动成型阴极炭块压降比刷涂的TiB_2涂层的阴极炭块低。振动成型TiB_2阴极的电阻比刷涂法得到的TiB_2涂层阴极电阻小很多，其主要原因是，振动成型的涂层密实，且随同阴极炭块经过高温烧结，其密实度进一步提高，各种性能在经过高压压缩后，电导率增大。

另外，除了优良的抗钠渗透性和减少炉底电解质沉淀和结壳外，TiB_2涂层阴极的电阻与70%石墨质阴极的也相差无几，如图3-16

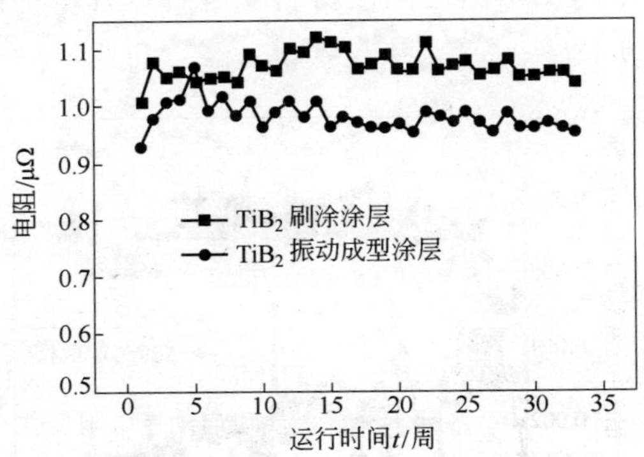

图3-16 不同TiB_2阴极炭块启动后电阻变化

Fig. 3-16 Variation of electrical resistance of the TiB_2 coating after the cell startup

所示。

B　铝液中钛的含量

文献［70～73］报道，TiB_2涂层可降低电解质对阴极的渗透，减少钠膨胀发生，保护阴极炭块。TiB_2与铝液具有良好的湿润性而成为可湿润阴极，炉底不容易形成结壳和沉淀，因此，TiB_2是一种良好的铝电解槽阴极材料。对于TiB_2-C复合材料，钠渗透主要发生在炭素区域[74]。TiB_2涂层可以减少钠渗透的速率，从而起到减少炭素阴极材料形变量和形变速度的作用，而且TiB_2涂层中的TiB_2含量越高，这种作用就越明显[75]。东北大学同山东铝厂合作进行的60kA自焙槽阴极涂层工业试验，提高电流效率1.4%，并降低压降40mV[45]。常温固化TiB_2阴极涂层具有优异的抗热震能力、较低的电阻率，可以降低钠膨胀。75kA工业化试验槽试验结果表明压降可以降低15mV，电流效率提高1.48%[77]，且钛含量不超标。

TiB_2把阴极基体炭块与电解质和铝液隔开，能减少基体阴极的破损，但自身却暴露于电解质和铝液中，尽管TiB_2很稳定，但在铝中仍有很小的溶解度，因而在铝液的长期冲刷下溶解到铝液中。因此，测定铝液中的钛含量是评价TiB_2性能的指标之一。图3-17所示出不同生产厂家的不同TiB_2涂层阴极材料在电解过程中铝液中钛含量随时间的变化关系。

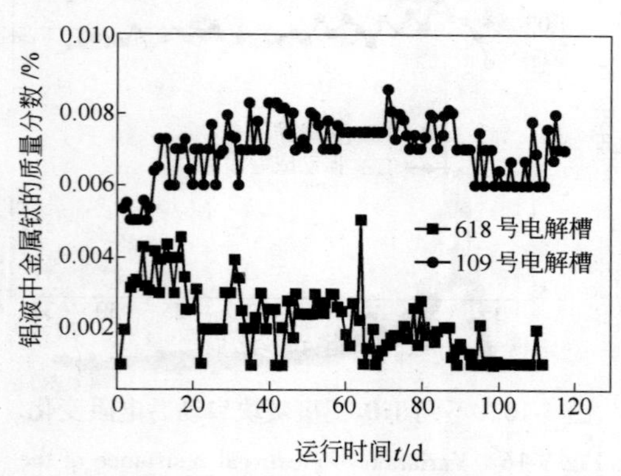

a

603号电解槽
铝液中金属钛的质量分数/%
0.005
0.004
0.003
0.002
0.001
0
20
40
60
80
100
120
运行时间t/d

b

402号电解槽
铝液中金属钛的质量分数/%
0.0030
0.0025
0.0020
0.0015
0.0010
0.0005
0
20
40
60
80
100
120
运行时间t/d

c

101号电解槽
106号电解槽
铝液中金属钛的质量分数/%
0.06
0.05
0.04
0.03
0.02
0.01
0
20
40
60
80
100
120
140
160
180
200
运行时间t/d

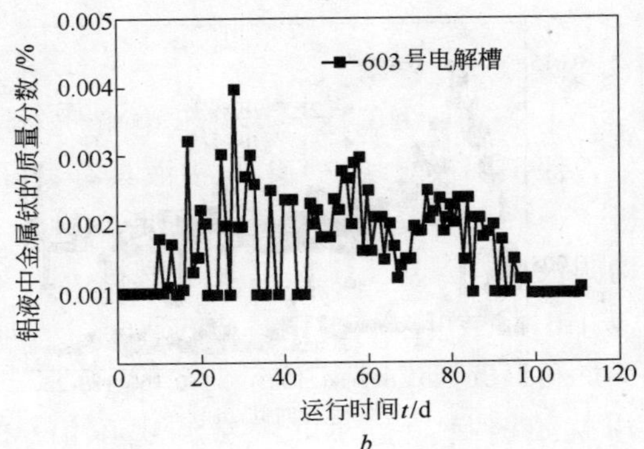

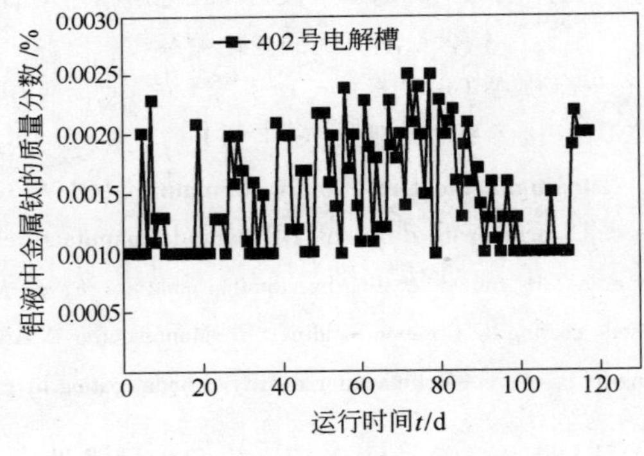

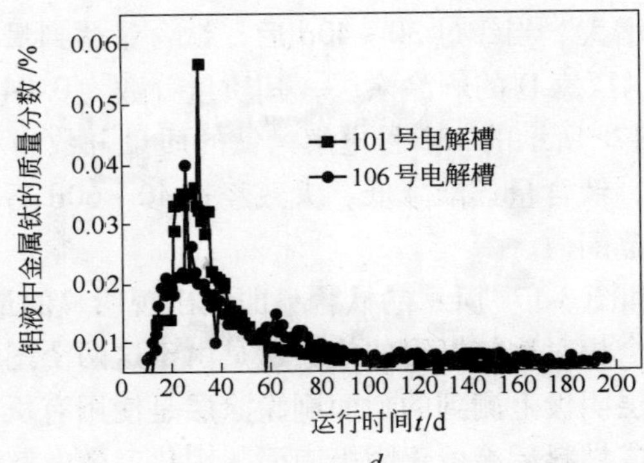

d

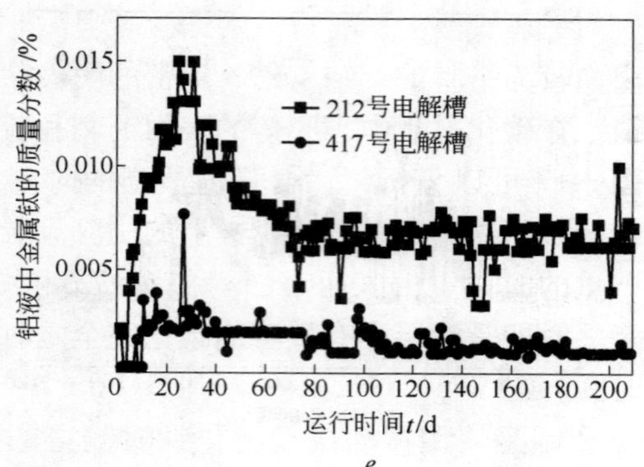

e

图 3-17　不同厂家的 TiB_2 涂层阴极材料在电解槽启动后原铝中钛含量随时间的变化关系

a—厂家 A 的振动成型 TiB_2 阴极；*b*、*c*—厂家 C 的振动成型 TiB_2 阴极；*d*—厂家 D 的刷涂涂层 TiB_2 阴极；*e*—厂家 E 的刷涂涂层 TiB_2 阴极

Fig. 3-17　Titanium content in primary aluminum metal VS time from the cell startup with different TiB_2 cathode manufacturers

a—Manufacturer A TiB_2 cathode coating by vibration molding；*b*、*c*—Manufacturer C TiB_2 cathode coating by vibration molding；*d*—Manufacturer D TiB_2 cathode coating by paste；*e*—Manufacturer E TiB_2 cathode coating by paste

由图 3-17 可以看出，除了图 3-17*a* 的 618 号槽外，几种 TiB_2 阴极电解槽启动后，原铝中钛含量变化趋势基本一致，即钛含量随着电解时间的延长而增大。当经过 30～40d 后，钛含量达到最高值，最高的是图 3-17*d* 所示厂家 D 的刷涂涂层，其质量分数为 0.04%～0.055%，最低的是图 3-17*c* 所示的 402 号电解槽钛的质量分数为 0.0017%。随着时间的推移，钛含量逐渐降低，大致经过 40～60d 后，钛含量在一个较为稳定的范围内。

图 3-17*d* 和图 3-17*e* 所示的钛含量曲线出现明显的最高峰后回落，最后稳定在一个相对比较恒定的值，这是由于这两个图的 4 条曲线数据是在刷涂涂层阴极上测到的，而刷涂涂层是使用有机黏结剂、炭粉和硼化钛粉制成糊料后涂覆于阴极表面，固化后随电解槽启动，启动过程温度很高，有机溶剂经过挥发、碳化，长时间的碳化过程发生涂

层体积收缩，表面毛刺脱落。当有机溶剂完全碳化后，形成以碳和硼化钛构成的、表面较为平整的、结实的、致密的阴极涂层，这时钛含量也降到最低值。在碳化过程中，脱落的表面毛刺和疏松表面进入熔融态铝中。由图 3-17 可以分析，钛含量值最高的时刻发生在电解槽启动的 30d 左右，说明这时是电解槽阴极上的刷涂涂层体积收缩变化和毛刺脱落最严重的时候。由这两个图（图 3-17*d* 和图 3-17*e*）可判断，钛含量稳定之时即是涂层中有机溶剂碳化完全之时，这一阶段需要大约 90d 的时间。

图 3-17*a*～*c* 所示是使用振动成型硼化钛时测得的数据。振动成型硼化钛是在炭阴极制作过程中在阴极表面采用振动加压的方法将硼化钛和炭的混合粉成形于阴极表面，而后随同阴极一起煅烧到成品，即振动成型硼化钛在电解槽中没有发生碳化这一过程，不会因为发生体积的变化而产生疏松结构的脱落，使钛含量发生变化，因而钛含量在铝液中变化规律有所不同。

振动成型 TiB_2 涂层最好的是图 3-17*b* 所示的 603 号和图 3-17*c* 所示的 402 号电解槽。刷涂 TiB_2 涂层阴极的钛含量变化近似于正态分布，最好的是图 3-17*e* 所示的 417 号电解槽，钛的质量分数稳定在 0.002%。总体上振动成型 TiB_2 涂层效果最好。

3.4　阴极炭块的特性与国内外差距

从无烟煤炭块到半石墨质炭块、半石墨化炭块、石墨化炭块，其煅烧温度由 1200℃不断提高到 3000℃。而随着煅烧温度的提高，包括阴极炭块的孔隙度、热胀系数、电导率等在内的性能均得到提高，由热膨胀引起阴极断裂的几率减少。铝用阴极炭块的发展趋势就是增大石墨化程度，提高抗钠侵蚀性、抗热震性、热导率等，为降低炉底压降、提高槽寿命、强化电流等经济运行打好基础。

图 3-18、图 3-19 所示证明了全石墨化阴极较半石墨质阴极可以有效地抵御钠膨胀，随着槽龄增长变化不大[69]。表 3-4 列举出阴极炭块主要的物理化学指标，特别是阴极开孔度和钠膨胀等指标较中国阴极炭块生产指标要严格[78]。同时可以看到，不同质量的阴极炭块理化指标相差较大，实际上也就可以解释很多铝厂一些电解槽阴极造

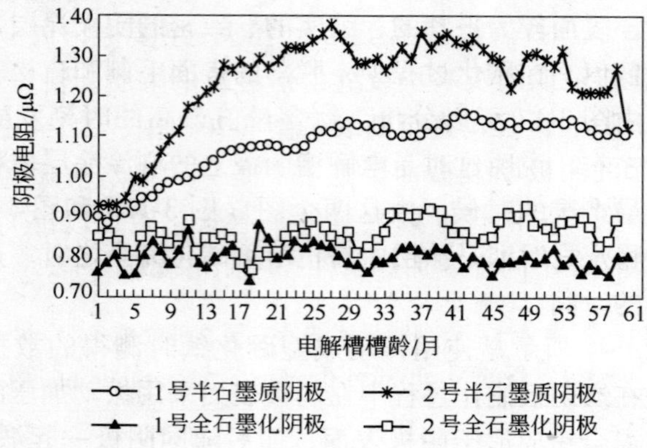

图 3-18　半石墨质和全石墨化阴极（各两种）在某厂 C 阴极电阻随槽龄变化情况

Fig. 3-18　Cathodic resistance vs. cells age of semi-graphitic blocks and graphitized blocks in smelter C

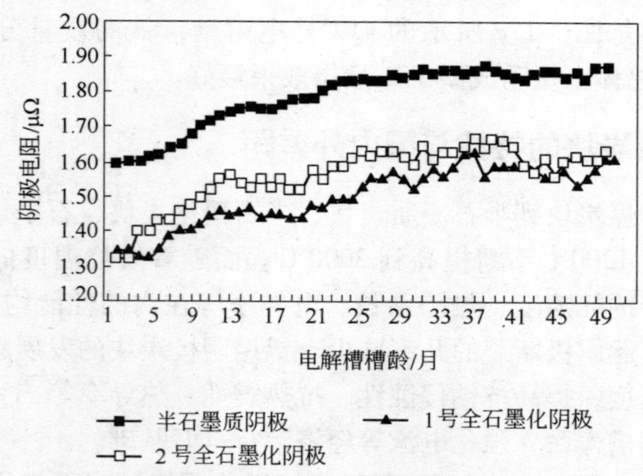

图 3-19　某厂半石墨质和全石墨化阴极电阻随槽龄变化情况

Fig. 3-19　Cathodic resistance vs. cells age of semi-graphitic blocks and graphitized blocks

成早期破损的原因，虽然理化指标达到了标准，但是槽寿命多者1000天，少者仅几百天，甚至于几个小时。主要原因就是因为开口度较大，钠膨胀造成阴极炭块裂缝，铝液及电解质大量渗透、堆积，从而使阴极上抬、隆起，直至断裂。图3-20、图3-21示出阴极炭块因钠膨胀引起的阴极断裂截面。其主要是因阴极炭块质量而造成停槽，这可以从剖炉后阴极断面大量的黄色碳化铝加以证明。图3-22所示为阴极试样在不同温度加热条件下的阴极膨胀变形变化量[79]。

表3-4 各种阴极炭块的主要物理性能

Table 3-4 Typical physical properties of cathode blocks

物理性能	无定形或半石墨质阴极	石墨质阴极（<1200℃）	全石墨化阴极（>2500℃）
密度/g·cm^{-3}	1.53~1.57	1.60~1.63	1.60~1.68
开孔度/%	15~20	18~20	20~29
抗弯强度/MPa	6~12	7~12	6~12
电阻率/μΩ·m	25~50	16~20	10~13
30℃的热导率/W·(m·K)$^{-1}$	7~18	25~35	110~130
20~520℃热胀系数/℃$^{-1}$	$(2\sim3)\times10^{-6}$	$(2.8\sim3.3)\times10^{-6}$	$(2.5\sim4.5)\times10^{-6}$
钠膨胀率/%	0.3~1	0.1~0.3	<0.05

图3-20 某厂431号槽阴极炭块因钠膨胀引起的阴极断裂截面

Fig. 3-20 Broken cathode caused the sodium penetration in a certain smelter cell

图 3-21　某厂 431 号槽阴极炭块因铝液和电解质渗透引起的阴极断裂截面

Fig. 3-21　Broken cathode caused the electrolyte penetration in a certain smelter cell

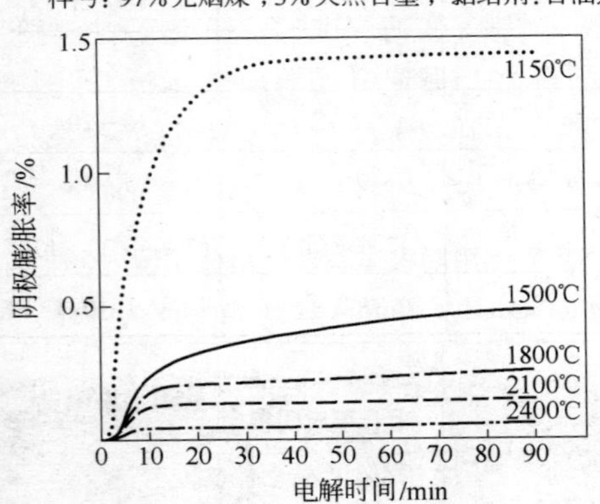

图 3-22　试样在不同温度加热条件下的阴极膨胀变形量

Fig. 3-22　Cathodic expansion curves for gas-claimed anthracite samples heat-treated at different temperatures

平均槽寿命短、单位面积产量偏低及能量效率偏低是我国铝电解技术与世界先进水平的主要差距。缩小这个差距的根本措施就是采用新一代的阴极内衬材料，其中最主要的就是阴极炭块[80]。我国阴极炭块的质量指标[81]如表 3-5 所示。

表 3-5　我国阴极炭块的质量指标

Table 3-5　Standards of carbon cathode blocks in China

牌　号		灰分/%	电阻率/μΩ·m（不大于）	电解膨胀率/%	耐压强度/MPa	密度/g·cm^{-3}（不小于）	真密度/g·cm^{-3}
普通阴极炭块（YS/T 286—1999）	TKL-1	8	55	1.5	30	1.54	1.88
	TKL-2	10	60	1.5	30	1.52	1.86
	TKL-3	12	60	1.5	30	1.52	1.84
半石墨质阴极炭块（YS/T 287—1999）	BSL-1	7	40	1.0	32	1.56	1.90
	BSL-2	8	45	1.2	30	1.54	1.87

我国所谓半石墨阴极炭块在国外属无定形炭块，质量指标不全而且明显偏低，应增加热导率、热胀系数、抗弯强度、开孔度（气孔率）、弹性模量、抗拉强度等必测指标。铝用阴极炭块的发展趋势就是增大石墨化程度，提高抗钠侵蚀性、抗热震性、热导率等，为降低炉底压降、提高槽寿命、强化电流等经济运行打好基础。结合国内外指标，现提出中国铝用阴极炭块理化指标的企业建议标准，如表 3-6 所示。

表 3-6　高品质铝用阴极炭块理化指标（国内企业标准建议）

Table 3-6　Higher quality standards of carbon cathode blocks in China

性　质	无烟煤（电煅）半石墨质阴极	石墨质阴极	全石墨化阴极
真密度/g·cm^{-3}	>1.92	>2.10	>2.10
密度/g·cm^{-3}	1.52~1.60	1.55~1.65	1.55~1.68
电阻率/μΩ·m	28~35	<25	<15
热导率/W·(m·K)$^{-1}$	10~20	25~40	100~130
抗压强度/MPa	>22	>22	>22
抗弯强度/MPa	6~12	6~12	6~12
灰分/%	<5	1	0.5
钠膨胀率/%	0.3~1.0	0.1~0.3	0.15

续表 3-6

性　质	无烟煤（电煅）半石墨质阴极	石墨质阴极	全石墨化阴极
20～520℃热胀系数/℃$^{-1}$	$(2.0～3.0)\times10^{-6}$	$(2.8～3.3)\times10^{-6}$	$(2.5～4.5)\times10^{-6}$
抗拉强度/MPa	3.5～4.5	4.5～5.5	5.0～6.0
弹性模量/GPa	7～12	7～11	6～8
抗折强度/MPa	8～12	6～12	6～12
开孔度/%	<20	<22	<25

3.5　技术经济分析

3.5.1　新大修槽阴极压降比较

表 3-7 和表 3-8 分别列出了 2005 年第一铝厂 32 台大修槽阴极品种、价格和炉底压降及对应的技术指标。

表 3-7　2005 年第一铝厂 32 台大修槽阴极品种、价格和炉底压降表

Table 3-7　Different cathodes with their prices and cathodes voltages drops in yichuan aluminum smelter plant（2005）

生产厂家	石墨含量（质量分数）	价格/元·台$^{-1}$	使用槽号	平均压降/mV
厂家 1	30%	139500	108，110，132，212	313
	75%	186000	106，202，204	301
	30% TiB_2	224298.33	618	261
	40% TiB_2	303800	109	281.6
	全石墨化	461900	206、502	240
厂家 2	30%	139500	418	337.5
	40%	155000	101，111，210，407，408	324.5
	75%	186000	207，228，426，709，723	301.6
	普通炭块	144150	208，410，501，732	317.6
厂家 3	30%	139500	104	299.7
	75%	186000	102	284.7
	40% TiB_2	303800	118，402，603，731	302.6

续表 3-7

生产厂家	石墨含量（质量分数）	价格/元·台$^{-1}$	使用槽号	平均压降/mV
厂家 A	TiB_2涂层	炭块价加 15 万元/台	101、106	301
厂家 B	TiB_2涂层	炭块价加 10 万元/台	212、407	310

表 3-8 2005 年 3~5 月大修槽运行指标比较（非正常期除外）

Table 3-8 Parameter of cell operation at retrofit，2005-03~2005-05

石墨含量（质量分数）/%	大修/台	电流效率/%	平均电压/V	吨铝直流电耗/kW·h	效应系数/次·(槽·日)$^{-1}$	炉底压降/mV
100	2	93.36	4.22	13470	0.40	240
70~75	10	92.97	4.23	13552	0.36	293
40	8	92.77	4.22	13546	0.34	303
30	8	91.06	4.23	13817	0.31	308
0	4	91.28	4.22	13810	0.35	331
TiB_2涂层	2	90.1	4.22	13934	0.26	336
TiB_2涂层	2	92.28	4.22	13605	0.42	310
TiB_2涂层	4	93.39	4.22	13459	0.25	287
TiB_2涂层	2	93.4	4.22	13469	0.44	286

注：全石墨化阴极试验槽出铝端最低点为 220mV。

3.5.2 建厂时原电解槽阴极压降

伊川第一铝厂和第二铝厂各工段（不含大修槽）建厂时，电解槽使用的无烟煤普通阴极炭块压降情况如表 3-9 所示（2005 年 10 月测量值）。

表 3-9 第一铝厂和第二铝厂各工段平均炉底压降值表[8]

Table 3-9 Cell bottom voltage drops in different workshop section of the first and second smelters

工段号	第一铝厂								第二铝厂			
	1	2	3	4	5	6	7	8	1	2	3	4
炉底压降/mV	390	386	390	380	365	376	360	368	356	344	303	303

从表 3-9 可以看出：在使用普通阴极炭块的第一、第二铝厂第一代电解槽中，第二铝厂的电解槽炉底压降明显小于第一铝厂，第二铝厂第二批启动的 3、4 工段明显小于第一批启动的 1、2 工段。这反映出：①第二铝厂在第一铝厂设计和启动方法上的改进，降低了压降；②第二铝厂 3、4 工段启动时总结了 1、2 工段在阴极压接器和筑炉质量上的经验，进行了改进，降低了压降；③由普通阴极炭块本身的特性所决定，受到钠的快速侵蚀后，随着槽龄的增长，压降会迅速增大。

3.5.3　大修槽比较

3.5.3.1　炉底压降

通过表 3-10 和表 3-11 的对比可以看出：一是优质阴极炭块的炉底压降明显低于一般炭块，其对降低电耗和提高电流效率起着至关重要的作用；二是后来启动的电解槽炉底压降要低于早启动的电解槽，说明了焙烧启动和后期管理技术对电解槽的影响。

表 3-10　启动一年内的炉底压降对比情况

Table 3-10　Comparison of cell voltage drops within a year after the cell startup

月 份	试验槽压降/mV		对比槽压降/mV		月 份	试验槽压降/mV		对比槽压降/mV	
	6 号	7 号	2 号	1 号		6 号	7 号	2 号	1 号
1	314	306	329	332	8	333	314	364	353
2	314	317	326	38	9	301	308	357	357
3	319	293	369	343	10	315	304	366	364
4	324	316	360	359	11	324	340	395	389
5	302	325	358	361	12	294	312	386	410
6	308	304	368	350	平均	315	315	361	360
7	336	337	359	368					

表 3-11 启动一年内的电流效率对比情况

Table 3-11 Comparison of CE within a year after the cell startup

月份	试验槽电流效率/%		对比槽电流效率/%		月份	试验槽电流效率/%		对比槽电流效率/%	
	6号	7号	2号	1号		6号	7号	2号	1号
1	94.9	96.2	93	92.1	8	92.2	92.1	92.8	92.5
2	93.4	94.5	92.5	92.6	9	93.2	93.2	92.9	92.3
3	95.4	96.8	93.5	94.2	10	92.1	92.1	92.6	92.6
4	96.9	94.9	93.2	94.1	11	93.3	93.2	93.3	92.4
5	93.3	94.5	93.1	93.8	12	92.8	93.1	92.3	92.3
6	92.2	94.4	92.5	93.2	平均	93.6	94	92.7	92.9
7	93.5	92.4	90.8	92.6					

3.5.3.2 经济效益

阴极炭块核算统计数据：每块重约1.24t，每台电解槽使用25块炭块，重约31t；按电流效率97%计，炉底压降每升高1mV，单槽每日多耗电7.423kW·h；按0.316元/kW·h电价计算，每日多付2.3457元。300kA电解槽炉底压降降低10mV，每年每台电解槽将会产生0.86万元效益，2000d寿命的电解槽平均降低30mV电压，可实现14.1万元的效益。

伊川300kA电解槽使用普通阴极炭块的炉底压降设计值是380mV，实际生产管理较好的新电解槽压降正常生产中可维持在350mV左右。根据测试的数据显示（表3-1），在大修试验中采用14种阴极炭块的炉底压降其中有5种已低于300mV，分别是厂家C的两种半石墨质炭块、厂家A的两种半石墨质复合TiB_2成型炭块和一种全石墨化阴极炭块。其中厂家A的30%石墨质复合TiB_2振动成型炭块压降平均只有261mV，因其运行时间短，测试次数少，预计正常压降应在290mV左右，比普通阴极炭块运行槽平均压降的350mV低50~60mV。这种炭块与普通炭块的差价每台槽为80148.33元，减去一次性投资的差价，一个1500d寿命期电解槽按平均降低50mV压降计算，每台槽也可节约电费95800元。同时由于TiB_2可极大地改善阴极与铝液的润湿性，减少炉底沉淀的生成，使电解槽阴极压降能长期保持在较低的水平上，还可提高电解槽电流效率和槽寿命，综合效益会很大。

据文献［82］反映，沁阳铝试验厂在6台300kA电解槽上所做的普通阴极复合 TiB_2 振动成型炭块试验，取得了良好的效果。该试验得出四项结论：①焙烧启动时可明显看出，试验槽用钠量减少约1.5t。从伊川铝厂已投产的109号和618号槽可以看出，分子比下降幅度要明显小于其他槽。②由于试验槽炉底干净，铝液能很好地吸附在炭块上，其压降比对比槽平均降低50mV。对一年的试验结果分析，普通炭块在启动时的炉底压降在330mV左右，用 TiB_2 振动成型阴极炭块的压降为310mV左右，经过一年生产的 TiB_2 阴极压降只增加了2mV，而普通炭块压降却增加了60mV（表3-10），1t铝直流电耗节约130kW·h。③电流效率可提高0.5%～1%（表3-11）。④预计槽寿命比普通炭块的可延长2～3年。

文献［83］报道了平果铝厂使用常温固化 TiB_2 阴极涂层剖炉的状况，TiB_2 阴极受到钠侵蚀的速度明显比普通炭块的慢，这会使阴极寿命明显延长。

3.6 延长槽寿命的措施

根据目前伊川第一铝厂的电解槽状况分析，大修采用优质阴极炭块，特别是选用30%石墨质复合 TiB_2 振动成型阴极炭块后，筑炉质量上了一个新台阶。

在未来的大修过程中，必须把握好电解槽运行状况，合理准确地掌握电解槽发展趋势，准确无误地掌握电解槽大修时间，采取状态大修；把好各个环节的质量关，特别是阴极材料和筑炉质量，这是延长电解槽寿命的关键。同时，在保证质量的基础上尽量缩短大修时间，减少短路口长时间电流空耗，这是铝厂节能降耗工作的一个重点。

(1) 根据国内外电解槽生产管理经验，只要阴极的使用寿命长，电解槽的寿命就长。要想保证阴极的寿命长，就需要稳定产品质量。要选择性价比合适的阴极炭块品种。国外早在1992年以后已不再使用半石质阴极，全部使用了全石墨化阴极，而且将300kA强化至

320、350kA。30%石墨质复合 TiB_2 振动成型阴极炭块使用前景较好。全石墨化炭块最好，但成本太高，目前暂不宜采用，以后肯定要大面积推广。全石墨化阴极、硼化钛涂层阴极技术推广应用将是提高电解槽槽寿命的基础，目前国内外差距仍然在于阴极新材料、炭化硅等材料的优化与开发应用，电解槽设计再优化、计算机控制、含量控制、无效应控制、点式下料技术、电解操作附加电压，以及计算机控制模式、噪声管理、过热度控制与槽寿命等方面。

（2）加强出铝精度、换极质量、保温料管理、效应管理等操作质量，提高计算机控制水平，缩短与国外差距。要将电解质氧化铝含量（质量分数）控制在1.5% ~2.5%，实现低效应、无效应操作，炉底不产生结壳、水平电流小、炉帮形成好的电解槽电流效率高、阴极炭块寿命长。

（3）采用大面收边整形，散热带大于10cm，上口炉帮在确保阳极不被氧化情况下越薄越好，以利于散热。极上氧化铝厚度，冬季为16cm，夏季为14cm，以减少侧部受热冲击。

（4）抓好效应管理。效应系数应控制在0.1次/(槽·日)，时间为5 ~8min，而且要在每天三个班均匀分布调整；对重点槽、危险槽，效应时间要尽量调整到白天发生，控制突发效应，在效应等待期间和效应后3h内要高度重视，加强巡视。

（5）注重加工质量。换极时要对当天极和后4天极，出铝后要对炉帮空的地方、易红炉帮进行边部加工。压壳加工要离阳极80 ~100mm的地方，要用拳头大的面壳块或电解质块压壳，不能用小碎块、阳极破碎块、细料压壳，这些物料仅能用于封极。

（6）设备管理是电解槽运行的根本。除了供电、动力、供料系统外，计算机、槽控箱、槽上部、多功能机组等是电解槽稳定运行的根本，因此，必须抓好设备分类、正常维护、点巡检、备品备件管理等工作。

（7）抓好交接班和班组建设。班组是企业的细胞，是车间最重要的管理环节。交接班管理是下一班对上一班进行监督与考核，这个工作最能反映出车间与工段的管理水平，包括电解槽运行、各种设备完好、安全文明生产等。通过交接班管理夯实基础管理，提高全员安全、质量、设备、工作意识，从而提高生产管理水平。

(8) 不能仅追求产量，要追求电解槽长周期稳定运行。要以电解槽稳定运行为前提，提高生产管理水平。

通过对300kA电解槽阴极破损机理的分析研究，完善技术条件优化与各项措施，伊川铝厂300kA电解槽将长周期高寿命平稳运行。电解槽计划大修经过实事求是、合理科学安排，兼顾安全与经济运行，300kA电解槽的槽寿命将会大大延长，确保达到1800天，力争达到2000天以上。

3.7　本章小结

(1) 阴极破损机理：电解槽的阴极渗透的主要通道是周边糊、炭间糊与阴极炭块、浇注料之间的间缝，阴极炭块和钢棒及炭块与耐火砖之间结合部构成的连通缝隙或孔洞，渗透速度越快，内衬膨胀与破损速度越快，停槽将是必然。底部炭衬早期破损主要是由于电解槽长期过热，高温引起各部等温线下移，从而加剧底部炭块剥层、上抬、断裂等。侧部漏炉主要是形不成冰晶石炉帮，侧部炭衬受到高温电解质不断冲蚀等物理化学作用而消耗，侧块上部氧化严重、下部渗透，致使侧块不断上抬，从而引起破损停槽。

(2) 阴极新材料应用：质量分数为30%的TiB_2振动成型阴极炭块和铝中钛含量小于TiB_2刷涂涂层阴极炭块的电阻值，与质量分数为30%的石墨质阴极炭块相当，为1.05μΩ。全石墨化阴极炭块电阻最低、最好，可以节省电能消耗。30%石墨质复合TiB_2振动成型阴极炭块使用前景最好，其阴极电压降较低（261mV），铝中稳定钛的质量分数也很低（0.0025%）。

(3) 全石墨化阴极和振动成型硼化钛阴极性能很好，但是价格较高。

(4) 电解槽寿命：通过技术条件完善和优化以及各项技术措施，加强管理，伊川铝厂300kA电解槽将可以长周期高寿命平稳地运行，电解槽槽寿命将可以大大延长。

4 铝用炭阳极新技术应用与降低炭耗

随着国内对电解铝行业宏观调控的不断加强，进出口退税的取消，原材料价格不断上涨。各个电解铝企业面对如此严峻形势，采用了积极应对措施，以降低生产成本；提高阳极质量，改进阳极的物理化学性能指标，以降低铝电解生产成本，稳定铝电解生产操作，提高生产效率，提高企业竞争力。目前伊川公司生产的预焙阳极，已经可以满足 300kA 大型预焙槽 31d 使用周期，但是与国内外优质阳极相比，仍然存在一定差距。因此，提高阳极质量，延长电解使用周期，降低阳极单耗，仍然是今后炭素厂努力的方向和目标。阳极是电解槽的心脏，使用优质炭阳极可以提高电流效率、降低阳极毛耗及直流电耗；通过加强保温料管理，可以防止阳极氧化、掉渣等现象的产生。

4.1 铝用阳极新技术

4.1.1 惰性阳极

在目前通用的冰晶石-氧化铝熔盐电解中不消耗或微量消耗的阳极称为惰性阳极。惰性阳极电解反应式为

$$2Al_2O_3(s) = 4Al(l) + 3O_2(g)$$

采用惰性阳极可降低阳极过电压，降低极距；节省阳极制造过程所需的石油焦；阳极不必经常更换；产生氧气，有利于环境保护[45]。东北大学、中南大学等对惰性阳极进行了大量的研究[85~88]，在试验室条件下，各种惰性阳极均获得了较大成功，但距离工业化生产应用还有一段距离，主要存在着对原铝质量影响和腐蚀速率等问题，因此，还需要进一步研究和改进。

4.1.2 阳极保温料

文献［89~93］对炭素阳极保温料进行了详细研究。通过对阳

极覆盖料各部分原料成分研究，将 0 ~ 0. 125mm 粉料、0. 125 ~ 0. 25mm 细料、0. 25 ~ 2mm 中颗粒料、2 ~ 12. 5mm 粗料按一定比例进行配比可以加强槽上部散热，提高物料密实度，防止阳极氧化、涮爪等现象的发生。正确的保温料添加应该是阳极钢爪加炭素保护环，阳极表面加一薄层新鲜氧化铝，然后将阳极循环破碎料的粉料、中颗粒、粗料按表 4-1 推荐的比例进行覆盖。通过添加阳极保护环(图 4-1)可防止阳极钢爪涮爪，加强对阳极保温料（图 4-2）的管理，特别注意出铝口及经常打捞炭渣的角部阳极的氧化，采用电解质泼溅的方法可消除阳极氧化。阳极中缝的阳极保温料容易造成槽底沉淀，可采取在阳极更换 3 ~ 6h 后，在中缝电解质结壳后先加一些大块然后再加细颗粒物料。中间下料位置的阳极容易氧化，可采用阳极表面人工涂层（图 4-3）的办法加以彻底杜绝。

表 4-1　阳极保温料粒度比例

Table 4-1　Anode thermal insulation materials particle size distribution

方案	项目				
方案一	粒度/mm	0 ~ 0. 125	0. 125 ~ 0. 25	0. 25 ~ 2	2 ~ 12. 5
	比例/%	21 ~ 27	16 ~ 21	32 ~ 36	21 ~ 26
方案二	粒度/mm	<0. 1	0. 1 ~ 1	1 ~ 10	
	比例/%	10 ~ 15	20 ~ 30	60 ~ 70	
方案三（推荐）	粒度/mm	新鲜氧化铝	<0. 1	0. 1 ~ 1	1 ~ 10
	比例/%	10	20	20	40 ~ 50

图 4-1　阳极添加炭素保护环

Fig. 4-1　Carbon yoke on anode top for anti-oxidation

图 4-2 正确的保温料

Fig. 4-2 Suitable anode cover for heat preservation

图 4-3 阳极涂层

Fig. 4-3 Anode anti-oxidation coating

4.1.3 阳极开槽

4.1.3.1 阳极开槽仿真

1990 年由美国 R. Shekhar 等人对底部不同开沟的惰性阳极对流场的影响进行了水模型试验，结果表明阳极底部开槽有利于减少阳极底部气泡覆盖率和促进极间氧化铝的传质[94]。1989 年，Johansen 使用 Lagranian 颗粒跟踪算法与球形气泡牵引参数近似计算结合的办法对气液两相流进行了计算[95]。1990 年，Kevin J. Fraser 等人将这种方法用于霍尔-埃鲁电解槽内电解质流场二维模型的计算[96]。1993 年，J. M. Purdie 等人采用流场计算软件 Fluent 对半个阳极周围的电解质流场进行了三维仿真[97]。李劼等人以 75kA 预焙槽为例，在商用流场计算软件 CFX4. 3 上建立起阳极周围气体排放引起的电解质流场计算模型，重点对阳极底部开通沟或非通沟时电解质流场进行了计算和对比分析[50]，对无排气沟、非通沟、通沟三种情况下的计算结果列于表 4-2。

表 4-2　不同阳极周围电解质流场分布

Table 4-2　Circulation field of electrolyte around the anode

技术数据	无排气沟	非通沟	通　沟
湍动能 $k/m^2 \cdot s^{-2}$	5.85×10^{-3}	4.39×10^{-3}	4.09×10^{-3}
湍动能耗散率 $\varepsilon/m^2 \cdot s^{-2}$	2.54×10^{-2}	1.30×10^{-2}	1.36×10^{-2}
湍流强度 $I/\%$	6. 24	5. 40	5. 22
最大电解质流速 $v/m \cdot s^{-1}$	0. 247	0. 214	0. 217

从表 4-2 可以看出，阳极底部开排气沟有利于降低阳极底部电解质流速和保持电解质流动的稳定。结果表明，阳极底部开沟有利于减小阳极气体压降，从而有利于降低槽电压；同时可以使电解质流速减小，有利于槽内的传质传热，有利于减少铝液与阳极气体发生“二次反应”的机会，从而有利于提高电流效率；气泡在阳极底部停留时间的减少和电解质流场的改进有利于降低阳极效应系数[98]。

文献［99，100］对不同模型阳极气泡模式和气泡电阻及其对槽电压、波形的影响进行了详细研究分析。文献［101］以氢气泡在水模型环境模拟，分析研究了气泡运动的变化特征。文献［102］在分子比为 2. 1、氟化钙质量分数为 5%、氧化铝质量分数为 4% 电解质条件下研究了气泡随着电流密度和阳极浸入电解质深度变化等特征。在低电流密度条件下气泡生成速率随着阳极电流密度的增加而增加；在高电流密度条件下气泡生成速率稳定且减少，阳极气泡生成速率和阳极尺寸以及阳极浸没电解质深度有关。阳极效应前，阳极气泡生成频率大大减少，在效应期间气泡生成频率为零；效应熄灭后，阳极将在较低电流密度下重新开始运行。阳极开槽可以有效地降低槽电阻，不增加槽噪声。ALBRAS 铝厂进行阳极横向开槽收到了预期效果，但也出现了残极裂缝、阳极长包等现象[103,104]。

4.1.3.2 阳极开槽方法

铝电解时会在阳极释放 O_2、CO_2、CO 气体，它们一方面与阳极碳结合，降低阳极寿命，另一方面又会附在阳极表面，部分地隔断阳极与电解质接触，减少铝的产量。附在阳极侧面上的气体易于释放，而底面上的气体则很难释放排出，除非采取其他措施使其促进释放。

因此，铝工业希望能在阳极底面上开一些沟槽，以利于气体释放，从而提高铝产量和降低阳极消耗。这些沟槽能增大阳极与电解质接触面积，因而可提高铝的产量[105]。

没有开槽的阳极，由于 CO_2和 CO 气泡聚集在阳极底掌下面，与碳反应，会增加炭消耗，降低电解材料的电导率，降低电流效率，缩短阳极周期，降低金属产量，增加生产成本。阳极开槽可帮助 CO_2和 CO 从阳极底掌及时逸出，以提高电流效率，增加电解槽的稳定性，减少氟碳化物的排放，降低阳极效应的频率。

A 模具成型开槽

图 4-4 所示是焙烧前在炭块上压出沟槽，焙烧后进行清理切槽(图 4-5)，不过此法有诸多缺点：

(1) 新的炭块阳极相当脆，也不易获得满意的焙烧效果。

(2) 压制沟槽会宽一些，空间距离大些，因而有效表面积比切削沟槽的少一些。

(3) 炭块的质量略差一些，因而阳极寿命会略短一些。

(4) 在焙烧过程中，焦炭会黏附于沟槽表面上，不易清理，同时须对阳极炭块侧面与组装孔做必要的清理。

(5) 对沟槽参数不能调整。

在阳极上切削开槽的效率决定于阳极尺寸及沟槽形状，但效率甚高，可达 40 ~ 50 块/h。沟槽斜度也易调整，通常的坡度为 1 ∶ 10，相当于 6°左右。槽的深度一般为 300 ~ 400mm，宽 10 ~ 15mm，宽度适当窄一些，可使炭块的利用率最大化[105]。

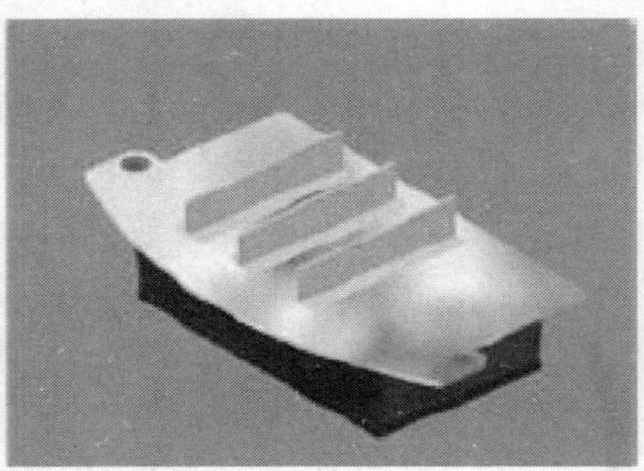

图 4-4　模具开槽

Fig. 4-4　A machine for slotted anode

图 4-5　焙烧后锯切开槽

Fig. 4-5　Slotting the prebaked anode after baking

B　开槽机开槽

开槽机有一个或多个圆盘锯，安装于一根通用的轴上，由齿轮电机转动。电机功率大小取决于开槽（一个锯开一个槽）的尺寸及深度。锯的下方有漏斗，收集锯下的切屑。锯的上方有一法兰，用于固定抽吸机。锯下方的漏斗既可以单独使用也可以作为阳极清理机的一部分。开槽后由液压杆将锯下方的漏斗推入贮藏区内，也可由电机传动的皮带输送系统运于贮藏区内，然后装到运输车上。锯盘更换既快捷又方便，不需要拆卸传动轴。切槽时阳极温度不得超过300℃，而工作场所的温度可为0~50℃。在这种情况下，锯盘的寿命可切15000块阳极的槽[105]。图4-4和图4-5所示为加拿大奥托昆普公司介绍的阳极开槽机[106]。

4.2 阳极开槽试验

伊川铝厂300kA电解槽已投产5年，现在运行平稳，电流效率达92%~94%。从管理角度来看，提高的空间已经很小。但从国外电解槽提高效率的经验来看，近年来普遍采用了阳极开槽技术：一可使阳极底掌下的气膜破裂，利于阳极气体外排，降低阳极压降，降低电耗；二可增大阳极导电截面，并强化电流生产，提高电流效率；三可延长阳极使用周期。通过对国内阳极生产技术的了解和对伊川SY300kA电解槽技术特性分析认为，伊川SY300kA电解槽技术已具备使用阳极开槽技术的各项条件，考虑到该项技术虽在国外已较为成熟，但在国内毕竟是新生事物，应逐步稳妥地将该项技术应用到电解生产。

选定第二铝厂2工段226号槽为试验槽，225号槽为对比槽。从开始更换第一组开槽阳极，即每日详细记录全槽阳极电流分布、炭渣量、铝实出量（计算出电流效率）、电压波动时间、工作电压等情况，并每周测试一次试验槽炉帮厚度。图4-6所示是锯切开槽的试验

图4-6 锯切开槽的试验阳极块

Fig. 4-6 Prebaked anode after slotting

阳极块；图 4-7、图 4-8 分别所示是使用开槽阳极试验 4 天、8 天后的消耗情况。

图 4-7　试验 4 天开槽阳极消耗情况

Fig. 4-7　Shape of the slotted anode after 4 days electrolysis

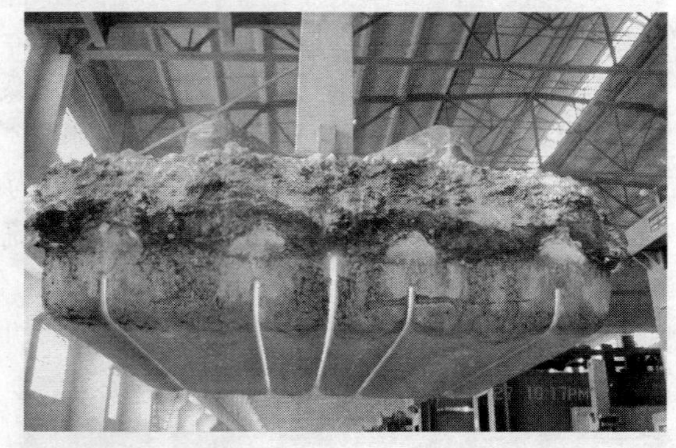

图 4-8　试验 8 天后阳极消耗情况

Fig. 4-8　Shape of the slotted anode after 8 days electrolysis

图 4-9 示出了电解槽炉帮形状。从图 4-9 可以看出，阳极间缝处炉帮较厚，阳极宽度对应炉帮呈弧形，从而可验证阳极开槽后，由于气体能及时排出，炉帮将更加均匀。通过试验槽与对比槽的对比（表 4-3），显示出开槽阳极经过一个周期后的残极形状要优于对比槽；表 4-4 表明开槽阳极炉帮平均增厚 0. 3cm 左右，有利于延长电解

图 4-9　电解槽炉帮形状

Fig. 4-9　Shape of the cell sidewall ledge when use slotted anodes

槽槽寿命。从表4-5可以看出，使用开槽阳极可以减少电解槽效应系数，有利于提高电流效率和节能降耗。

表 4-3　开槽阳极在经过 27 天使用后与对比阳极槽使用情况的对比

Table 4-3　Comparison of slotted anodes and not slotted anode for 27days

<table>
<tr><th>电解槽</th><th>长/cm</th><th colspan="3">宽/cm</th><th colspan="3">高/cm</th><th>备　注</th></tr>
<tr><td rowspan="4">试验槽 226 号槽残极 B6 情况</td><td rowspan="4">144</td><td rowspan="2">出铝端</td><td>外</td><td>63</td><td rowspan="2">出铝端</td><td>外</td><td>10</td><td rowspan="4">内侧烟道端方向角部有氧化现象</td></tr>
<tr><td>内</td><td>60</td><td>内</td><td>9.5</td></tr>
<tr><td rowspan="2">烟道端</td><td>外</td><td>62</td><td rowspan="2">烟道端</td><td>外</td><td>10</td></tr>
<tr><td>内</td><td>62</td><td>内</td><td>9.5</td></tr>
<tr><td rowspan="4">对比槽 225 号槽残极 A9 情况</td><td rowspan="4">145</td><td rowspan="2">出铝端</td><td>外</td><td>62</td><td rowspan="2">出铝端</td><td>外</td><td>12</td><td rowspan="4">内侧烟道端方向角部有氧化现象</td></tr>
<tr><td>内</td><td>61</td><td>内</td><td>9</td></tr>
<tr><td rowspan="2">烟道端</td><td>外</td><td>64</td><td rowspan="2">烟道端</td><td>外</td><td>12</td></tr>
<tr><td>内</td><td>62</td><td>内</td><td>10</td></tr>
</table>

表 4-4 试验槽 226 号和对比槽 225 号炉帮厚度（cm）

Table 4-4 Comparison of ledge thickness of the cell No. 225 and No. 226（Unit：cm）

226 号试验槽				225 号对比槽			
A1A2	14	B1B2	14	A1A2	14	B1B2	13
A3A4	13	B3B4	13	A3A4	12	B3B4	12
A5A6	14	B5B6	12.5	A5A6	13	B5B6	11
A7A8	13	B7B8	13	A7A8	12	B7B8	12
A9A10	14	B9B10	13	A9A10	13	B9B10	13
平均值		13.4		平均值		12.5	

表 4-5 试验槽与对比槽指标情况（试验 3 个月）

Table 4-5 Cells parameter comparison of slotted anodes cell and not slotted anodes cell（three months）

技术指标	试验槽		对比槽	
	126 号槽	226 号槽	125 号槽	225 号槽
电流效率/%	93.6	94.5	92.9	93.6
吨铝直流电耗/kW · h	13244	13147	13450	13289
效应系数 / 次 ·（槽 · 日）$^{-1}$	0.10	0.11	0.17	0.16
效应受控率/%	80	85	50	48
平均电压/V	4.16	4.169	4.193	4.174
波动/min · d^{-1}	3	4	10	12
炉帮厚度/cm	13.4	13.5	12	12.5

试验槽的电流效率分别比对比槽高出 0.7、0.9 个百分点。从电解槽的运行状况看，试验槽确实比对比槽运行平稳，电解质流动性好，沸腾有力；炭渣分离良好。阳极开槽后增大了阳极导电截面，并且电解质流速减小，有利于槽内的传质传热，有利于减少铝液与阳极气体发生二次反应的机会，从而提高了电流效率。

试验槽的吨铝直流电单耗分别比对比槽低 142kW · h，试验槽效应受控率明显上升，由原来的 50% 提高到 90% 以上。电解槽效应时的电压比较稳定，效应熄灭容易。从 2006 年 12 月开始在 2 工段 43

台槽上推广，8 个月的生产指标表明较系列槽吨铝节电 100kW · h 左右。

4.3 电解槽炭渣减少技术

炭渣可以从阳极、阴极以及电解过程中铝的二次反应等途径产生。炭阳极在电解过程中的选择性氧化，阴极炭块的剥落掉渣，当电解质对炭渣湿润性较好时，两者分离能力差，炭渣悬浮在电解质中，与电解质混在一起不易分离，电解质熔体发黏，火焰喷出的电解质呈白色条状，可在固体电解质的断面上清楚地看到灰色或灰白色的夹渣，通过降低槽温，添加氟化铝、氟化镁，可促进炭渣与电解质的分离。

在电解生产正常时，电解质中的炭渣是以燃烧消耗的：

$$\mathrm{C}(\text{炭渣}) + \mathrm{CO_2}(\text{溶解}) \longrightarrow 2\mathrm{CO}(\text{溶解}) \tag{4-1}$$

$$\mathrm{C}(\text{炭渣}) + \mathrm{CO_2}(\text{气泡}) \longrightarrow 2\mathrm{CO}(\text{气泡}) \tag{4-2}$$

当电解质中炭渣生成量多，炭渣就不能完全燃烧，从而影响电解质的流动性，这时必须捞出炭渣[107]。炭渣的产生也使阳极的消耗增大、阳极的消耗除了氧化产生的炭渣外，还有几种阳极的消耗方式，铝用炭素阳极消耗方式有以下几种[108]：

（1）电化学消耗：

$$\mathrm{Al_2O_3} + \frac{3}{2}\mathrm{C} = \frac{3}{2}\mathrm{CO_2} + 2\mathrm{Al} \tag{4-3}$$

$$\mathrm{Al_2O_3} + 3\mathrm{C} = 3\mathrm{CO} + 2\mathrm{Al} \tag{4-4}$$

（2）布达尔反应（Boundouard reaction）：炭阳极和 CO_2 之间的反应为

$$\mathrm{CO_2} + \mathrm{C} = 2\mathrm{CO}$$

当温度超过 930℃，反应几乎完全向右进行，约占总炭耗的 2% ~10%，对于自焙槽高达 18%[109]。

（3）空气燃烧：通常发生在阳极的顶部和暴露的侧面，如反应式（4-3）和式（4-4）。

预焙阳极顶部的温度可以从 200℃变化到 700℃。热力学计算表明，CO 和 CO_2的分压比在 400℃是 0.2，在 550℃就超过 1。低温时式（4-3）占主导地位，在高温时式（4-4）占主导地位，对预焙槽通常在 10%左右[110]。

（4）炭渣：炭渣造成的阳极消耗属于机械消耗，黏结剂沥青结焦活性大，它优先氧化之后，大块的骨料焦粒就由阳极表面突出，并在重力作用和电解质搅动下，从阳极脱落，形成炭渣。一般占总炭耗的 1%～10%。

（5）二次反应：电解过程中产生的 CO_2气体可以和熔体中的还原性金属发生反应：

$$3CO_2 + 4Al = 3C + 2Al_2O_3 \tag{4-5}$$

$$3CO_2 + 2Al = 3CO + Al_2O_3 \tag{4-6}$$

$$3CO_2 + 6Na = 3CO + 3Na_2O \tag{4-7}$$

在以上五种阳极消耗方式中，电化学消耗占总炭耗的 75%～90%，此外，大约还有 12%是由二次反应所引起的电流空耗所造成[111]。

文献［112，113］分析了阳极炭块氧化掉渣和裂纹掉块的危害，可能造成阳极长包、侧部漏电、阳极电流密度增加、炭阳极发热和电解质电阻升高等。当炭渣含量为 0.04%时，电阻率增加 1%；炭渣含量为 1%时，电阻率增加 11%。工业电解质中，1～10μm 的炭渣微粒几乎不导电，炭渣存在不仅使阳极电流密度增加、炭阳极发热，而且使电解质发热，从而产生热槽、阳极长包和侧部漏电等问题。捞出的炭渣中含有 70%的电解质，这样就增加人工劳动强度，降低电流效率，浪费氟化盐。槽中不同部位的炭渣还会产生如下影响：中缝过厚的炭渣隔离了氧化铝的加入与溶解，导致氧化铝缺料，引起突发效应。炭渣浮选技术可直接回收电解质，降低了生产成本，扩大了资源再利用[114]。

伊川铝厂自投产以来，一直采用传统捞渣方法。此法有以下弊病：

（1）炭渣多，职工劳动强度大。

（2）烟气外泄，不利环境净化。

（3）电解槽人为干扰大，不利平稳调控。

（4）角部裸露，易氧化，易冷却，造成伸腿肥大。

（5）捞渣过程对侧部炭砖的影响很大。

为解决上述问题，从2005年8月10日起，在两个铝厂进行了少捞炭渣的技术攻关。

4.3.1 技术措施

减少炭渣的技术措施有：

（1）大面保温料收边宽度达到12～15cm。

（2）铝水平提高0.5～1cm。

（3）电解质水平提高0.5～1cm。

（4）捞完炭渣后，及时封严角部，防止空气流入槽大面，从而避免阳极氧化造成阳极炭渣脱落。

（5）确保效应后炭渣捞净，捞取炭渣后，及时封严出铝口和烟道端火眼，防止中缝内阳极氧化造成炭渣脱落。

4.3.2 管理措施

减少炭渣的管理措施有：

（1）及时封堵好大面冒火。

（2）采取32h作业制度，每班仅捞取本班责任槽的炭渣。

4.3.3 具体操作措施

减少炭渣的具体操作措施主要有：

（1）第一铝厂和第二铝厂当前的基本的责任槽划分方法：各工段责任槽按每人看4台槽、四班三倒的方式划分，从1号槽开始每4台槽为一组，4个运行班，每班1台责任槽。在一般槽温正常的情况下，看槽人只打捞自己责任槽的炭渣。

（2）调整槽出铝前平均铝液水平：第一铝厂为21.5～22.5cm，第二铝厂为22～23cm。电解质水平调整为21～22cm。

（3）大面保温料收边宽度达到12～15cm，侧部炭块与侧部结壳间不能有缝隙，发现后要及时用氧化铝或阳极上细粉料封平。

（4）电解温度为952～962℃，分子比为2.25～2.35。

（5）接班时，检查电解槽大面冒火情况，要及时封好。

（6）接班后，将自己责任槽的 4 个角部打开，认真清理干净结壳块，开始打捞炭渣。打捞时尽量不带出电解质或结壳块，捞出的炭渣以冷却后不发白且不结块为准。捞完后洒上氧化铝，结壳后再彻底封好火眼，凡有块状的炭渣必须回槽循环使用。

（7）在不捞炭渣时，4 个角部及烟道端火眼均应封好，出铝口火眼应尽量小，直径不能超过 10cm。

（8）不论是否是责任槽，效应后 30min，要及时在出铝口和烟道端将该槽炭渣打捞干净。如太多时，应打开角部打捞，捞完后及时封好火眼。

（9）在槽温超过 963℃以上时，打开角部捞净炭渣，捞完后及时封好火眼。

4.3.4　技术应用后的效果与分析

采用上述各项措施后，电解槽的炭渣明显减少，职工劳动强度减小，氟盐消耗降低，电流效率明显提高，而且保证了电解槽炉膛规整及技术条件正常。第二铝厂从 2005 年 9 月 29 日，第一铝厂从 2005 年 10 月 8 日开始推广此种技术以来。从 8 月份平均每天捞取 20～25t 炭渣到目前平均每天 2t，每天少捞 18～23t 炭渣，若每吨炭渣按含 30% 电解质，电解质按回收价 2393 元/t 计算，少捞的炭渣每年可节约资金 500 余万元。实行 32h 作业制后，捞渣次数更少，人为干扰更少，电解质波动小，二次反应小，从而提高电流效率。若电流效率按提高 0.2% 计，单台槽日增产 5kg，铝价按平均价 16000 元/t，每年可创效益 150 余万元。

图 4-10～图 4-12 所示为阳极保温料管理粗放，造成阳极大面、中缝、角部氧化，这是产生炭渣的主要根源。图 4-13、图 4-14 所示阳极掉块、阳极涮爪等现象。如通过添加钢爪保护环和正确添加保温料等措施（图 4-1、图 4-2），可彻底杜绝阳极氧化等现象的发生。图 4-15 所示为正常的残极及保温料状况。电解的角部保温更好，更利于炉帮形成，减少病槽产生，从而延长电解槽寿命，减少热量损失，降低直流电耗，从而降低吨铝成本。

图 4-10　阳极保温料管理粗放后果之一——大面氧化

Fig. 4-10　Not good heat-preservation materials will cause anode oxidation at anode side

图 4-11　阳极保温料管理粗放后果之二——中缝氧化

Fig. 4-11　Not good heat-preservation materials will cause anode oxidation near middle gap

图 4-12　阳极保温料管理粗放后果之三——角部氧化

Fig. 4-12　Not good heat-preservation materials will cause anode oxidation at anode corner

图 4-13　残极掉块

Fig. 4-13　Breaking off of the anode butt

图 4-14　阳极涮爪

Fig. 4-14　Anode claw were eroded by molten electrolyte

图 4-15　正常的残极及保温料状况

Fig. 4-15　Normal anode butt and its heat-preservation materials layer

炭阳极掉渣除由电解工艺影响外，从炭素工艺分析主要是一次焦与二次焦性能及其氧化速度的差别而引起的。因此，抓好阳极炭块质量是解决掉炭渣的根本措施。当沥青焙烧形成的二次焦质量差、氧化快时，其差别更明显，就会使一次骨料残焦在运动电解质的冲刷下脱落进入电解质，即成炭渣。二次焦质量差的原因可有以下两种情况：

(1) 煤沥青与石油焦中微量元素的差别。煤沥青的成焦率仅为60%左右，煤焦油中加碳酸钠脱氨的钠会明显富集提高，从而增大氧化性。

(2) 配料不合理、煅烧质量差造成炭块强度低，不耐冲刷而掉渣。这主要是因为阳极黏结剂质量及焙烧质量差而导致阳极抗氧化性差或裸露氧化。

4.4 提高阳极周期生产实践

4.4.1 阳极消耗

在铝电解生产过程中，阳极炭块不仅承担着导电作用，而且还参与电化学反应。阳极炭块质量的好坏，直接影响到铝电解的正常生产操作、阳极的消耗、原铝的质量和电流效率等技术经济指标[115]。

4.4.1.1 理论消耗

铝电解过程的（电）化学反应方程可以表示为如下两种形式：

$$Al_2O_3 + 1.5C = 2Al + 1.5CO_2$$

和

$$Al_2O_3 + 3C = 2Al + 3CO$$

合并式为

$$Al_2O_3 + \frac{3}{1+\varphi}C = 2Al + \frac{3\varphi}{1+\varphi}CO_2 + \frac{3(1-\varphi)}{1+\varphi}CO \qquad (4\text{-}8)$$

式中，φ 为 CO_2的体积分数。

当气体中 $\varphi(CO_2):\varphi(CO)$ 分别为70∶30、75∶25或80∶20（94%的电流效率）时，吨铝阳极的理论消耗分别为393kg、381kg、370kg，因此吨铝炭阳极的理论消耗为370～400kg。

4.4.1.2　净耗

净耗是指含空气、二氧化碳氧化及掉渣的过消耗部分，而不含残极的实际消耗量。在正常生产中，空气、二氧化碳氧化及掉渣率约为5%～10%，所以吨铝炭阳极的净耗可以表示为

净耗 = 理论消耗 +（15～40）kg ≈（370～400）kg +（15～40）kg = 400～430kg

4.4.1.3　总（毛）耗

总耗包含残极在内的所有实际消耗，即换极消耗。一般电解生产的残极率（残阳极高度为150～180mm）≈25%～30%，所以吨铝阳极总消耗约为515～545kg。

4.4.1.4　阳极消耗速度

电解生产中，阳极每天消耗的速度用 H_c 表示（cm/d），是一个与铝产量、阳极质量有关的物理量，具体可表示如下：

$$H_c = \frac{8.054 \times I_{阳} \times W_c \times \eta}{\rho_k} \times 10^{-3} = 1.40 \sim 1.48(\text{cm/d})$$

式中　$I_{阳}$——通过阳极上的电流强度，A；

η——电流效率，%；

W_c——阳极净耗，与阳极的抗氧化性能有关；

ρ_k——阳极炭块的密度，与阳极生产工艺技术有直接关系。

4.4.2　阳极质量的提高

预焙阳极是铝电解槽的心脏，其质量的好坏直接影响电解槽的电流效率、电解铝产能成本等。阳极的质量与原料、阳极生产过程有着直接关系。除了要抓好原材料质量管理外，还要抓好煅后焦、阳极成型，特别是焙烧工艺的管理。

生阳极质量虽好，如果焙烧不好，也生产不出优质的炭阳极，所以阳极的焙烧是决定阳极质量的一个重要过程。焙烧阶段的各升温阶段、升温速率是否合理，会直接影响焙烧质量。合适焙烧曲线不仅可以提高阳极的性能，而且对节能降耗产生重大意义。

4.4.2.1　严格控制升温梯度

炭块质量的好坏，不仅与配料、混捏和成型有关，而且受焙烧条

件的影响。焙烧工序的调整和控制是提高阳极质量的关键因素，它可以使炭块获得均匀的结构和规范的几何体，可以防止炭块内外裂纹、炭块截面密度不均匀，以及孔洞和气孔的产生。

焙烧升温曲线主要根据煤沥青的炭化特点，同时考虑炉子结构、产品规格、产量等因素制订[115]。通过对焙烧过程跟踪分析检验发现，当火道烟气温度达到400℃以上时，炭块温度达到200℃左右，处于低温预热阶段，黏结剂开始软化，由于炭块内部温差和压力差使黏结剂产生迁移，炭块容易出现变形；火道温度达到400～850℃时，炭块温度处于200～700℃的中温结焦阶段，黏结剂开始分解，挥发分大量排出，黏结剂开始结焦。为了提高黏结剂结焦值，提高炭块理化指标，使挥发分能够充分燃烧，减少炭块内外温差和裂纹产生，此时要控制升温速度，进行缓慢升温。火道温度达到850～1200℃时，炭块温度处于700～1000℃的高温烧结阶段，黏结剂结焦已基本完成。为了进一步提高炭块的真密度、导电性、抗压强度和抗氧化性能，要使炭块最高温度达到1100℃左右并保温20h以上，以使炭块内外温度均一。结合伊川炭素厂焙烧炉炉室深、料箱长、炭块尺寸大（1570mm×665mm×553mm）和装炉量多等特点以及生产过程实际情况，参照其他炭素厂的成功经验制定出216h焙烧曲线，如图4-16所示。

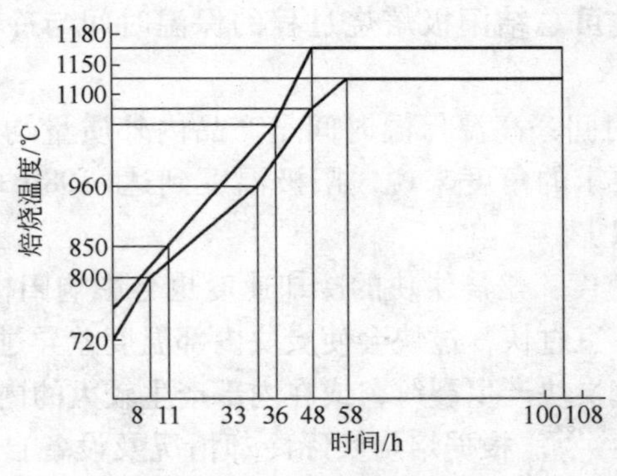

图4-16 216h焙烧曲线

Fig. 4-16 216 hours baking curves

4.4.2.2 提高焙烧最终温度

焙烧热处理最终温度高，有利于制品内部微晶生成增长，提高抗氧化性，从而减少铝电解阳极消耗[116]。在850～1300℃的温度范围内，阳极焙烧温度每提高100℃，阳极的消耗就减少几个百分点，特别是当升高到1000～1100℃时，阳极的抗氧化性会有更大的改善。焙烧热处理温度高还能降低阳极比电阻。表4-6示出不同的焙烧温度对阳极炭块质量的影响[117]。

表 4-6　最终焙烧温度对阳极炭块质量的影响

Table 4-6　Effect of baking temperature to the quality of anodes

质量指标	最终焙烧温度/℃			
	950	1050	1150	1250
炭块电阻率/μΩ · m	67	60	55	53
炭块热导率/W · (m · K)$^{-1}$	3.0	3.1	3.4	4.3
CO_2反应剩余率/%	80.4	88.0	93.3	95.0
空气反应剩余率/%	78.5	86.6	90.7	93.0

阳极最终焙烧温度由投产初期的1130℃提高到目前的1180℃，阳极目标温度控制在(1080±20)℃。需要指出的是，在火焰最高温度为1250℃的生产试验中，结果显示理化指标无明显差异，仅电阻率下降了1～2μΩ · m，重油消耗却增加约10%。

经多次研究可总结阳极焙烧过程的保温时间与冷却速度工艺如下：

(1) 保温时间：高温保温时间是产品内外质量均匀的一个重要因素。从工艺要求的角度来说，阳极温度到达(1080±50)℃后，一般应保持20h以上。

(2) 冷却速度：焙烧炭块的冷却速度也会影响阳极的焙烧质量，强制冷却速度不宜过快，过快会使炭块内部温度差异过大，引起收缩不均匀，使焙烧炭块产生裂纹，或在内部产生较大的内部应力，降低阳极的抗热震性[118]。根据焙烧实际冷却情况及设备自身特点，强制冷却速度应控制在40～50℃/h。

4.4.2.3　加强过程控制

(1) 加强对成型生块质量控制。焙烧炭块与成型生块质量紧密相关，焙烧炭块内在理化指标是否达到标准，成型生块的质量是关键。因此，质量检查员要严格按标准检查入库生块，不合格炭块不能进行焙烧。

(2) 加强对炭碗质量的控制。焙烧炉采用立装，炭碗在焙烧过程中容易出现虚空，造成炭碗变形和碗缺现象的发生，直接影响炭块成品合格率和炭块外观质量。因此，生块装炉前要将炭碗中的水吹干，用锯末和填充料以一定的比例混合均匀加入炭碗中，用专用工具压实、压平，加盖纸板，进行编组。

(3) 加强对装炉质量的控制。为了减少炭块在焙烧过程中发生氧化，要使装炉炭块和炉墙保持一定的距离，保证填充料能流畅填实，保证挥发分通畅排出，避免空气直接与炭块接触发生氧化反应。要控制层间填充料厚度，规范铺料标准，一般底层铺料要达到100mm，层间铺料要达到120mm。要保证炭块两边有充足的填充料，挤压层不能有缝隙，上层料要平整且高出炉面150mm。

(4) 加强调温控制，减小火道温度偏差。伊川炭素厂焙烧采用重油加热，在加热过程中易发生结焦，火道易出现温度偏差。要求调温工做好定期巡视，发现问题要及时解决，严格将火道温度偏差控制在±10℃之内。如焙烧炉料箱漏料应及时补料，防止空气大量进入炉室与炭块发生氧化。图4-17～图4-19所示为改进前后（2006年7月30日前为改进前，7月30日为改进后）各项理化指标对比。

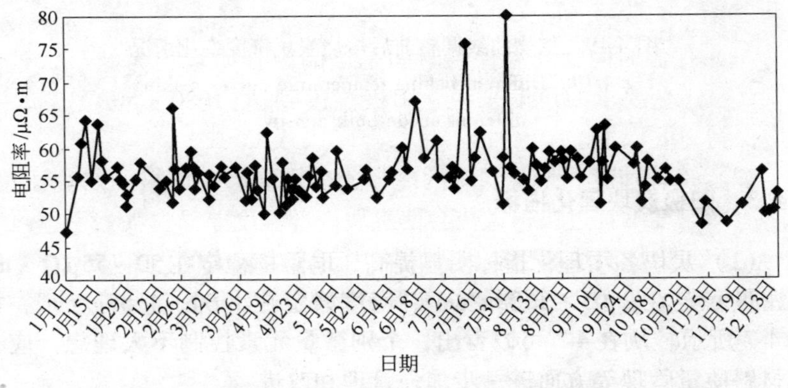

图4-17 焙烧曲线调整前后焙烧炭块电阻率变化情况

Fig. 4-17 Baking temperature curves VS anode electrical conductivity

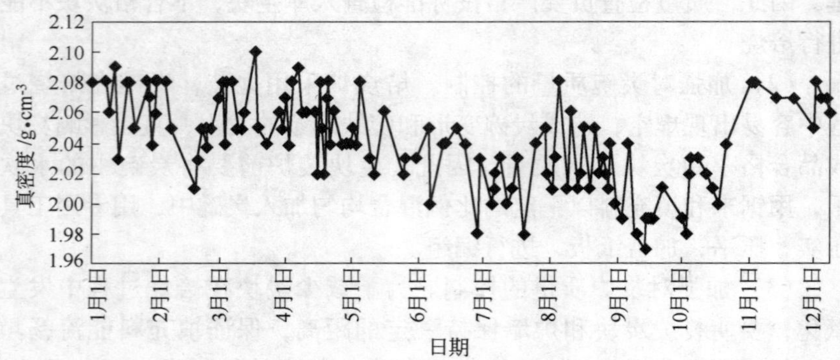

图 4-18　焙烧曲线调整前后焙烧炭块真密度变化情况

Fig. 4-18　Baking temperature curves VS anode real density

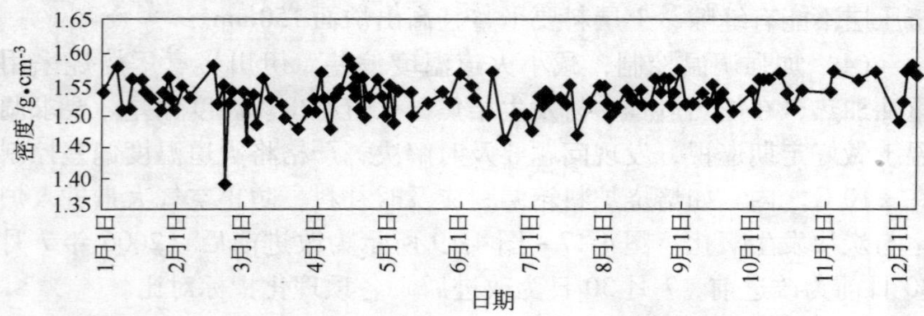

图 4-19　焙烧曲线调整前后焙烧炭块密度变化情况

Fig. 4-19　Different baking temperature curves making different anode bulk density

4.4.3　阳极炭块理化指标

（1）炭块各项理化指标明显提高，电阻率稳定在 50 ~ 55μΩ · m、真密度稳定在 2. 05 ~ 2. 08g/cm^3、密度稳定在 1. 54 ~ 1. 57g/cm^3，如表 4-7 所示。从表 4-7 可以看出，个别微量元素控制不太理想，应在原材料质量管理等方面进一步加强管理和改进。

（2）炭碗变形、掉棱、掉块，炭块变形和花斑炭块明显降低，炭块外观合格率由投产初期的 97% 提高到目前 99. 5% 以上。

表 4-7 阳极炭块全分析质量变化统计表

Table 4-7 Analytical results of anode comprehensive properties

性能指标	要求范围	检测法	一期			二期		
			2005年8月	2005年10月	2006年3月	2005年8月	2005年10月	2006年3月
灰分/%	≤0.5	DIN5130	0.49	0.81	0.51	0.73	1.26	0.52
密度/$g \cdot cm^{-3}$	1.53~1.58	ISO838	1.56	1.59	1.58	1.54	1.58	1.57
电阻率/$\mu\Omega \cdot m$	53~58	ISON752	59	53.9	52.9	54.5	55.3	56.8
抗弯强度/MPa	8~12	ISON848						
抗压强度/MPa	40~50	DIN51910	44	41.8	44	38	38.4	38
热导率/$W \cdot (m \cdot K)^{-1}$	3.5~4.0	ISON813						
真密度/$g \cdot cm^{-3}$	2.05~2.10	ISODIN9088	2.01	2.06	2.05	2.04	2.08	2.04
CO_2反应性(残极率)/%	>89	ISO804	74.2	71.74	84.3	80.4	64.67	79.7
CO_2反应性脱落失重率/%	<8	ISO804	19.5	20.83	13.29	15.5	26.25	15.74
CO_2反应性粉末/%	<6	ISO804	6.3	7.7	2.41	4.1	9.08	4.56
空气反应性/%	>85	ISO805						
空气反应性脱落失重率/%	<6	ISO805						
微量元素/10^{-4}%	<150	ISO837	15	45	62	130	59	63
$w(Si)/10^{-4}$%	<200	ISO837	200	168	160	620	339	220
$w(Fe)/10^{-4}$%	<300	ISO837	1300	583	740	780	5359	700
$w(Ca)/10^{-4}$%	<150	ISO837	30	426	310	610	458	470
$w(Ni)/10^{-4}$%	<150	ISO837		208	170		214	180
$w(Na)/10^{-4}$%	<100	ISO12980	60	266	360	73	175	360
$w(S)/10^{-4}$%			1.44	1.24		1.41		

4.5 本章小结

(1) 正确的保温料的添加应该是阳极钢爪加炭素保护环，阳极表面加一薄层新鲜氧化铝，然后将阳极循环破碎料按粉料、中颗粒、粗料一定的比例进行覆盖。通过添加阳极保护环可防止阳极钢爪涮爪，减少阳极的氧化和掉渣，延长阴极使用寿命。

(2) 对焙烧后的阳极采用机器开槽，研究了开槽阳极在300kA大型铝电解槽的使用过程中的一些问题，发现：

1）由于开槽后气体能及时排出，炉帮将更加均匀。开槽阳极炉帮平均增厚0.3cm左右，有利于电解槽槽寿命的延长。

2）通过试验槽与对比槽的对比显示，开槽阳极经过一个周期后的残极形状要优于对比槽。

3）电解槽波动时间明显减少，效应系数明显降低至0.05次/(槽·日)以下。

4）开槽阳极可以减少电解槽效应系数，有利于提高电流效率和节能降耗；试验槽的吨铝直流电单耗分别比对比槽低142kW·h，按试验槽吨铝节电150kW·h、电费0.3元/kW·h和20万t产量计算，每年可节省900万元。

5）通过两台开槽阳极试验槽的试验，发现试验电解槽阴极效应受控率明显上升，由原来的50%提高到90%以上，电解槽效应时，电压比较稳定，效应熄灭容易。

(3) 电解中，将大面保温料收边宽度提高到12～15cm，铝水平提高0.5～1cm，电解质水平提高0.5～1cm，可以减少阳极氧化掉渣；捞完炭渣后，及时封严角部，防止空气流入槽大面，可避免阳极内部氧化造成阳极炭渣脱落。

(4) 为了提高阳极的质量，研究了新的阳极焙烧升温控制曲线，要使炭块最高温度达到(1080±50)℃后保持20h以上。强制冷却速度应控制在40～50℃/h。经过改进后，炭块各项理化指标明显提高，电阻率稳定在50～55μΩ·m、真密度稳定在2.05～2.08g/cm^3、密度稳定在1.54～1.57g/cm^3，吨铝阳极炭块毛耗小于473kg。

5 氧化铝含量控制理论

5.1 问题的提出

文献［119］介绍电解槽操作适宜的电解质成分，过量 $w(AlF_3)$ 为10% ~13%，$w(CaF_2)$ 为4% ~6%，$w(Al_2O_3)$ 为2% ~3%，电解质温度为955 ~965℃。图5-1示出在添加锂盐优化试验过程中，随着过量 AlF_3 的增大，电流效率明显提高[120]。图5-2示出在180kA电解槽电流效率随电解质温度的变化情况[121]。从图5-2可以看出，电流效率达到95% ~96%时对应的电解质温度多数在955 ~965℃。图5-3示出在 $w(Al_2O_3)$ 为2% ~4%时，电解质温度为955 ~965℃，液相线温度为940 ~955℃，电解槽操作正常[122]。当 $w(Al_2O_3)$ 大于4%，特别是大于6%，电解槽容易形成硬结壳。根据Welch[123]教授的研究（图5-4），随着电解质中过量 AlF_3 含量的增加，电流效率是有损

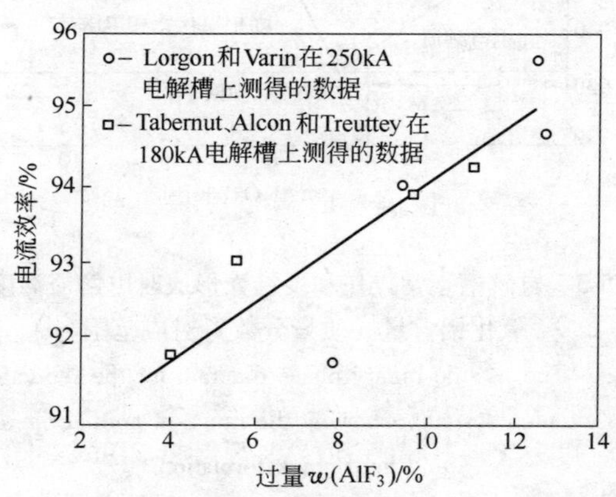

图5-1 添加锂盐优化试验过量 AlF_3 与电流效率的变化关系

Fig. 5-1 Current efficiency versus AlF_3 content in lithium-modified bath test

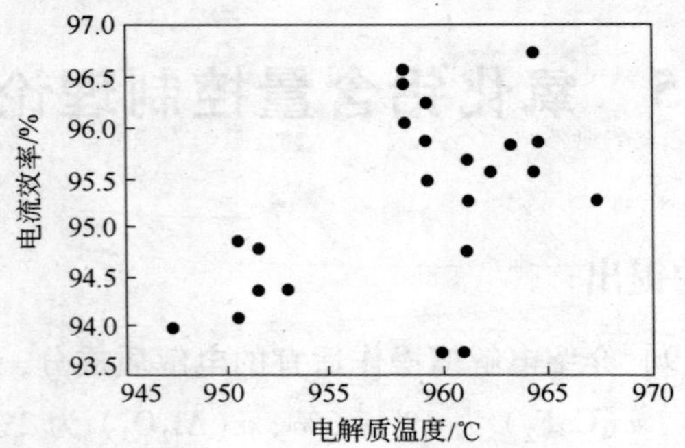

图 5-2　180kA 电解槽电流效率随电解质温度变化情况

Fig. 5-2　Current efficiency versus bath temperatures for various 180kA cells

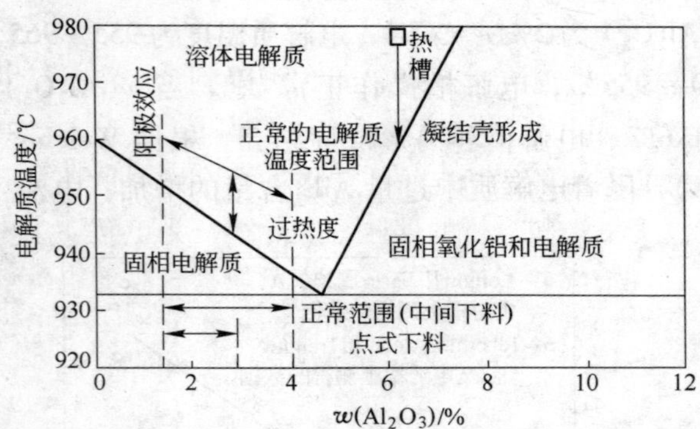

图 5-3　电解槽正常操作和硬结壳形成时电解质温度与氧化铝含量（质量分数）对应范围

Fig. 5-3　The pseudo-binary phase diagram for the reduction cell bath alumina system, showing the range of normal operation and hard muck formation

失的，随着游离 AlF_3 含量的增加，电流效率的损失是逐渐下降的，变化范围为 0% ~3%，最大不超过 3%。而实际操作却要比这个范围大，损失的电流效率变化范围为 3% ~5%，呈上升趋势，甚至达到

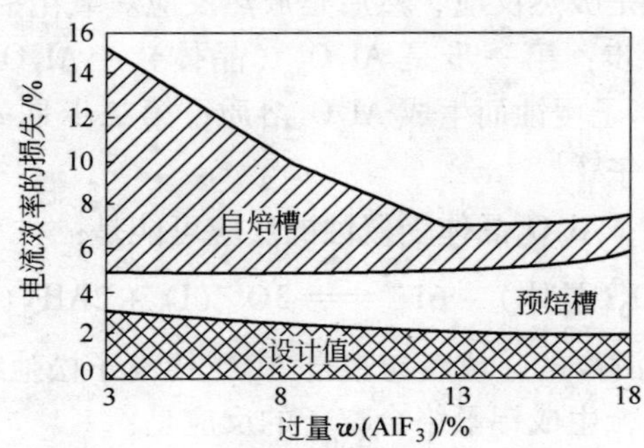

图 5-4 随过量氟化铝增加电流效率损失的变化情况

Fig. 5-4 Contributions to loss in current efficiency as the AlF_3 content in the bath increases

6%。自焙槽的电流效率损失范围更大，最大可达15%，但随着游离AlF_3含量的增加，呈现快速下降趋势，可降到7%左右。因此，根据不同槽况，过量$w(AlF_3)$宜保持在10%~13%。

在电解槽的电流效率随电解质温度的升高而降低还是升高的问题上，还存在技术争端和分析的误区。实际上，当电解质中氧化铝含量较低时，这时采用低分子比和较低温度可取得较高的电流效率。如果氧化铝含量较高，当采用低分子比和低温运行时，由于电解质黏度较大，氧化铝的溶解性能较差，将产生大量的沉淀和结壳，电解槽稳定性将大大降低，此时侧部水平电流增大，侧部炉帮也将受到严重威胁，不仅电解槽的稳定性保证不了，电流效率也不会多高，也可能暂时取得几个月的高电流效率，但不久，电解槽会出现严重的问题。因此，电解槽还是应保持在较高的分子比、槽温在960℃左右运行，这样电流效率和槽况应该是最佳的。氧化铝的含量控制准确程度对电解槽的正常运行是至关重要的，它和氧化铝的特性及溶解过程等方面有关。

5.2 氧化铝的溶解过程

氧化铝的溶解是一种化学反应。在低氧化铝含量下，溶解过程进行得很快，首先是吸热反应，然后是放热反应。氧化铝在冰晶石里的溶解过程可分两步：第一步是 Al_2O_3（晶体）→Al_2O_3（溶质），即 Al_2O_3晶体受氟离子侵蚀而生成 Al_2O_3溶质；第二步是 Al_2O_3溶质 + 溶剂→铝氟络合离子[45]。

在第一步中，Al_2O_3晶体受侵蚀的反应可能是：

$$Al_2O_3(\text{晶体}) + 6F^- \Longrightarrow 3O^{2-}(l) + 2AlF_3(l) \tag{5-1}$$

其中 O^{2-}或者是游离的，或者与来自 Al_2O_3铝离子松弛结合。

在第二步中，生成铝氟络合离子的反应是：

$$O^{2-}(l) + AlF_3 \Longrightarrow AlOF_3^{2-}(l) \tag{5-2}$$

或

$$O^{2-}(l) + AlF_3 + 2F^- \Longrightarrow AlOF_5^{4-}(l)$$

在低氧化铝含量下，主要是含氧质点是桥式结构的离子团 $Al_2OF_6^{2-}$，其按下式反应生成：

$$\frac{1}{3}Al_2O_3 + \frac{4}{3}AlF_3 + 2NaF \Longrightarrow Al_2OF_6^{2-} + 2Na^+ \tag{5-3}$$

5.2.1　氧化铝的溶解速度

通过图 5-5 所示的冰晶石熔液中氧化铝溶解速度曲线可以看出，

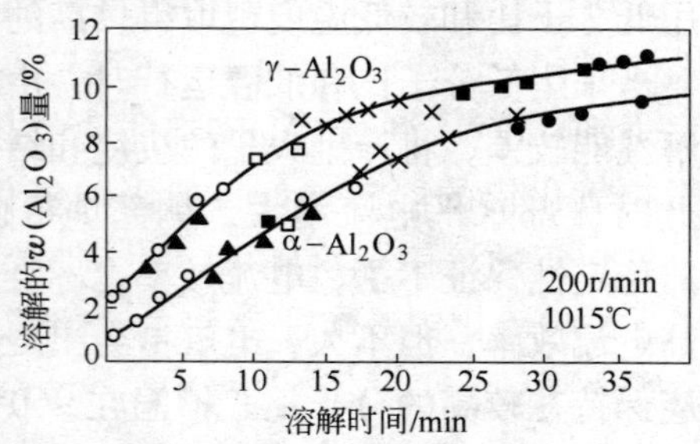

图 5-5　冰晶石熔液中氧化铝溶解速度曲线

Fig. 5-5　Dissolution rate of Al_2O_3 in cryolite melt

α-Al_2O_3：○—原始 $w(Al_2O_3)$ 为 0；▲—原始 $w(Al_2O_3)$ 为 2%；□—原始 $w(Al_2O_3)$ 为 4%；×—原始 $w(Al_2O_3)$ 为 6%；●—原始 $w(Al_2O_3)$ 为 8%

γ-Al_2O_3：○—原始 $w(Al_2O_3)$ 为 0；▲—原始 $w(Al_2O_3)$ 为 2%；□—原始 $w(Al_2O_3)$ 为 4%；×—原始 $w(Al_2O_3)$ 为 6%；■—原始 $w(Al_2O_3)$ 为 8%；●—原始 $w(Al_2O_3)$ 为 10%

在 $w(Al_2O_3)$ 为5%以下范围内，其溶解速度与时间呈线性关系，而在 $w(Al_2O_3)$ 为5%以上，溶解速度与时间呈非线性关系，此曲线段表示进行着零级反应，即 Al_2O_3 的溶解速度与已溶解在熔液中的 $w(Al_2O_3)$ 无关。在 $w(Al_2O_3)$ 为5%以下，γ-Al_2O_3 的溶解速度约比 α-Al_2O_3 快1/3[45]。

5.2.2 温度对氧化铝溶解速度的影响

根据 Arrhenius 公式，$\ln K = B/T +$ 常数。可求得温度 T 与溶解速度 K 的关系，并获知 α-Al_2O_3 和 γ-Al_2O_3 的溶解速度常数均随温度升高而增大。文献［125］介绍了氧化铝的溶解度的经验公式为

$$w(Al_2O_3)_{sol} = A(T/1000)^B \tag{5-4}$$

式中

$$A = 11.9 - 0.062w(AlF_3) - 0.003w(AlF_3)^2 - 0.50w(LiF) - 0.20w(CaF_2) - 0.30w(MgF_2) + 42w(LiF)w(AlF_3)/[2000 + w(LiF)w(AlF_3)]$$

$$B = \frac{4.8 - 0.048w(AlF_3) + 2.2w(LiF)^{1.5}}{10 + w(LiF)0.001w(AlF_3)}$$

从上述经验公式可以看出，氧化铝的溶解度随温度升高而增大，且和电解质中的添加剂有关。

除 AlF_3 外，添加剂 LiF、CaF_2 和 MgF_2 都能使氧化铝溶解速度减小。添加 AlF_3 不影响氧化铝的溶解速度，但影响氧化铝的溶解度和电解质的导电性。氧化铝的溶解速度随 Al_2O_3、CaF_2、MgF_2、LiF 的添加量增多而减小。影响氧化铝溶解速度的主要因素是 Al_2O_3 饱和含量与实际含量之差[45]。

5.2.3 试验室氧化铝的溶解过程

杨振海[126]、高炳亮[127]和邱竹贤[45]利用透明槽研究氧化铝的溶解过程包括以下4个步骤：

（1）首先到达冰晶石熔液表面上的少量氧化铝直接进入冰晶石熔液本体中迅速溶解掉。

（2）到达冰晶石熔液表面上的大部分氧化铝则漂浮在其表面上形成聚合层，这是由于固体氧化铝密度约为 1.0g/cm^3，而冰晶石熔液的密度约为 2.1g/cm^3，两者之间存在密度差。

（3）当温度升高时，漂浮在液面上的氧化铝聚合层便渐渐瓦解，就有颗粒状的氧化铝掉入下面的冰晶石熔液本体中，也有“雪花”状的氧化铝进入熔液本体中，二者在下沉过程中大部分溶解了，一小部分则沉降在槽底上。

（4）沉降在槽底上的氧化铝慢慢溶解。

概括说来，颗粒状氧化铝的聚合物漂浮时间接近于它的完全溶解时间，一般漂浮 7 ~ 8min，完全溶解需要 8 ~ 10min。而中间状氧化铝的漂浮时间一般为 3 ~ 4min，完全溶解时间则长得多，需要 10 ~ 12min。

图 5-6 所示是 $w(Al_2O_3)$ 为 2% 的冰晶石熔液在添加 1% Al_2O_3 时的溶解行为。从图 5-6 可以看出，氧化铝在熔融冰晶石中溶解有如下

a

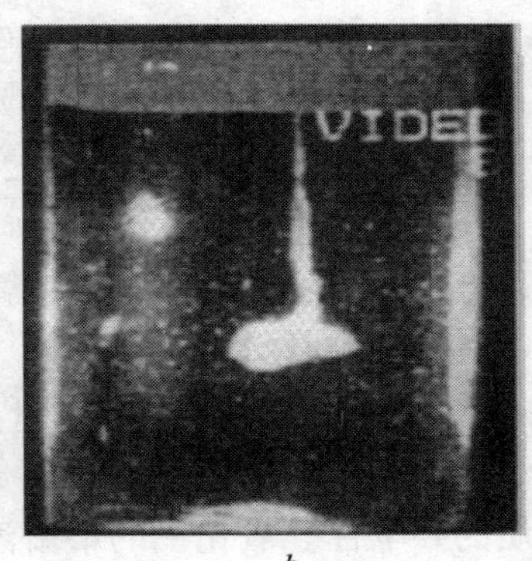

b

图 5-6　含 $w(Al_2O_3)$ 为 2% 的冰晶石熔液在添加 1% Al_2O_3 时的溶解行为[124]

a—加入的氧化铝在冰晶石熔液的表面上形成一层漂浮的聚合物；

b—部分氧化铝聚合物掉入冰晶石熔液中的逐渐溶解过程

Fig. 5-6　Process of alumina dissolving in the Na_3AlF_6-2% Al_2O_3 when adding 1% Al_2O_3

a—Alumina floating upper the electrolyte;

b—Alumina sinking and dissolving into the electrolyte

一些基本规律：含 10% α-Al_2O_3 的砂状氧化铝漂浮时间较长，约为 450 ~ 500s，相应地完全溶解需时间较长，约为 500 ~ 600s；含 α-Al_2O_3较多（大于 30%）的中间状氧化铝通常漂浮时间较短，约为 100 ~ 300s，完全溶解需要 700s 或更长时间。提高搅拌速度和减少氧化铝每次加料量可以减少氧化铝在熔融冰晶石中的完全溶解时间。

5.2.4 工业电解槽中氧化铝的溶解

图 5-7 示出典型的氧化铝溶解曲线，首先是氧化铝快速溶解，而后是缓慢溶解。从曲线上可以看出，大约在加入氧化铝 50s 之后，电解质温度达到最低点，此时溶解的氧化铝量还不到一半。所以，减少每次槽中氧化铝的加入量可以改善其溶解状态，并防止电解质温度明显降低，当氧化铝快速溶解时，不会产生沉淀，此时测得的溶解速度便是适宜的供料速度。

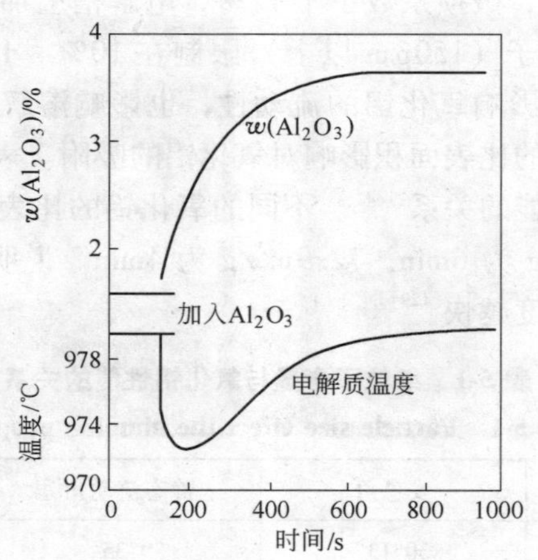

图 5-7 低 α-Al_2O_3 含量的氧化铝的溶解速度及其有关的热效应

（电解质物质的量比为 2.56，添加量：CaF_2，4%；LiF，2%）[124]

Fig. 5-7 Alumina dissolving rate with low content of α-Al_2O_3 and heat effect

5.2.4.1 下料速度对氧化铝溶解的影响

据测定，氧化铝的溶解速度在每千克电解质中为 1.4 ~ 3.0

g/min。所以在采用点式下料器中，最大供料速度不宜超过3g/min，以防止产生沉淀。伊川铝厂第一代槽为4点1.8kg下料器，每72s交叉2点同时下料；第二代槽为6点1.2kg下料器，每72s交叉3点同时下料，总的供料速度大约是0.25g/min。

根据对工业电解槽的观测，电解液和铝液界面上的氧化铝含量远大于电解液上层的氧化铝含量，这部分氧化铝随时会转移到电解质整体内，是“自溶解”的一个重要来源。槽底沉淀物是一种黏性的混合物，物相组成主要是氧化铝和冰晶石，沉积在铝液之下阴极炭块之上，一旦生成之后不易熔化，形成坚硬的底部结壳，使槽底电阻增大，造成阴极电流分布不均匀、炉帮破坏、电压波动等病槽发生。因此，务必杜绝、禁止这种现象发生。

5.2.4.2 氧化铝颗粒对溶解性能的影响

大型预焙铝电解槽生产对氧化铝粒度的要求是：44μm以下的细粒子不超过10%，破损系数小于12%，电解槽上加料时细粒子不能超过20%，粗粒子（150μm以上）限制在10%～15%。44μm以下粒度含量过多会影响氧化铝的流动性，也影响溶解速度，会产生沉淀，同时氧化铝的比表面积影响对氧化铝的吸附。表5-1示出细粒子含量与氧化铝性能的关系[128]。不同的氧化铝的比表面积溶解速度测定为：35.07m^2/g为6min，72.9m^2/g为4min。说明比表面积越大，氧化铝的溶解速度越快[129]。

表5-1 细粒子含量与氧化铝性能的关系

Table 5-1 Particle size effect the alumina properties

细粒子含量/%	安息角	静态流动角	流速/$g \cdot s^{-1}$
5.38	30°13′	39°35′	2.55
10	30°11′	40°18′	2.56
15	30°44′	42°22′	2.58
20	30°45′	46°47′	2.48

氧化铝粒度对电解生产影响很大，为保证电解的正常生产，要求氧化铝中的粒度为44μm以下的细粒度小于10%，而通过净化后送到

电解槽上的载氟氧化铝粒度44μm以下的应小于20%，以确保其流动性[130]。要降低国产氧化铝的磨损系数，增加氧化铝的强度，以确保氧化铝在电解槽上具有合理的颗粒分布，从而保证氧化铝的流动性和溶解性。

5.2.4.3 开槽阳极对氧化铝溶解的影响

开槽阳极使用后，CO_2、CO从边部向中缝下料口处溢出，此时应该可以加大打壳锤头处Al_2O_3的搅拌速度，1.2kg下料器优于1.8kg下料器；下料点应设置在流速较大的位置，主要是因为磁搅拌可以加速氧化铝的溶解。这些措施和新技术的应用，将会改善氧化铝在电解槽中溶解速度和溶解度，保持稳定的氧化铝含量，从而为实现低效应或零效应打下坚实的基础。

5.3 氧化铝含量控制

5.3.1 槽温对氧化铝含量的影响

槽温降低可以获得高的电流效率，在一些200kA以下槽型运行得很好，主要是由于其侧部使用了半石墨侧块。如果炉帮不好，电解质与侧部石墨块接触，也不发生腐蚀，所以原铝质量没有任何变化。300kA电解槽采用的是碳化硅侧块，炉帮一旦被破坏，几天之内硅含量很快就会升高，因为电解质腐蚀了侧部碳化硅材料。伊川第一铝厂在2003~2004年一直采用2.2~2.25的分子比，槽温为950~955℃，确实获得了高的电流效率，但炉帮形成不太好。2005年升高了分子比，炉帮形成较好。伊川第二铝厂的分子比保持在2.25~2.35，槽温保持在955~965℃，炉帮形成也非常好，而且获得了93%以上的电流效率。

事实上，法国铝业公司的AP30同样经历了这个过程。从表5-2、表5-3可以看出，1991年以前，槽温平均为952℃左右，过量$w(AlF_3)$保持在10.8%~12.0%；1991以后平均槽温保持在961℃，过量$w(AlF_3)$保持在11.6%~11.8%。

文献［131］描述了彼施涅公司电解槽系列启动和早期操作的经验以及达到的技术指标，如表5-2、表5-3所示。

表 5-2 所有 AP30 型电解槽系列的技术指标（包括第一批启动期）

Table 5-2 Results of AP30 technologies in a certain smelter serial

(including the first period startup cells)

技术指标	年份								
	1986	1987	1988	1989	1990	1991	1992	1993	1994
产量/万 t	5.33	9.20	9.38	9.43	9.47	9.88	50.90	96.06	47.17
电流/kA	278.2	279.2	281.5	283.8	284.6	285.7	293.5	296.2	297.7
电流效率/%	92.5	94.3	94.7	94.6	94.7	93.9	92.7	94.9	94.5
吨铝直流电耗/kW·h	13748	13183	13311	13434	13469	13615	13851	13410	13565
吨铝炭净耗/kg	490	433	413	419	410	413	430	414	412
系列数	1	1	1	1	1	1	1	1	1
效应系数/次·(槽·日)$^{-1}$	120	120	120	120	120	196	1136	1200	1200
过量 $w(AlF_3)$/%	12.0	11.9	11.7	11.4	11.1	10.8	11.6	11.8	11.6
电解质温度/℃	955	954	952	952	951	951	961	961	961
阴极压降/mV	257	327	364	376	380	375	293	319	346
铝中 $w(Fe)$/%	0.19	0.14	0.13	0.13	0.13	0.16	0.17	0.09	0.08

表 5-3 AP30 型电解槽系列的平均技术指标（不包括第一批启动期）

Table 5-3 Average operational parameter of AP30 technologies in a certain smelter serial

(not including the first period startup cells)

技术指标	年份								
	1986	1987	1988	1989	1990	1991	1992	1993	1994
产量/万 t	1.58	9.20	9.38	9.43	9.47	9.40	25.56	92.72	47.17
电流/kA	278.8	279.2	281.5	283.8	284.6	285.3	292.9	296.2	297.7
电流效率/%	96.0	94.3	94.7	94.6	94.7	94.6	94.3	94.9	94.5
吨铝直流电耗/kW·h	12826	13183	13311	13434	13469	13476	13529	13399	13565
吨铝炭净耗/kg	419	433	413	419	410	413	418	414	412
系列数	1	1	1	1	1	1	4	5	5
效应系数/次·(槽·日)$^{-1}$	120	120	120	120	120	120	848	1200	1200
过量 $w(AlF_3)$/%	12.2	11.9	11.7	11.4	11.1	11.3	12.1	11.8	11.6
电解质温度/℃	955	954	952	952	951	949	956	961	961
阴极压降/mV	260	327	364	376	380	381	319	318	346
铝中 $w(Fe)$/%	0.15	0.14	0.13	0.13	0.13	0.15	0.16	0.09	0.08

AP28 电解槽的电流密度为0.74A/cm^2，而 AP30 电解槽则提高到0.78A/cm^2；大多数先进的 AP30 系列采用 20 个阳极导焊的方案。用半石墨质阴极的电解槽每周增加的酸度为2%。因而电解槽运行能够在 8 周而不是 12 周稳定下来。

在电解质中过量 $w(AlF_3)$ 为 11.5%、电解质温度为960℃左右的情况下，电流效率稳定在 94.5% ~95%。1988 年起，电流效率稳定在 94.6% 以上。第二代阴极全用含约 30% 石墨粒的半石墨炭块。莫里茵厂没有因侧部漏槽而进行大修的 120 台电解系列的槽寿命估计为 76 个月。顿却克铝厂因侧部炭块不正常氧化，对该系列的运行造成更严重的影响。

有人认为电流效率随着槽温升高而升高，有人却认为电流效率随着槽温降低而降低？为什么法铝 AP30 系列保持槽温在 961℃，而电流效率却高于 94% 以上？从伊川 2 个 20 万 t 300kA 系列电解槽生产实践来看，这主要是氧化铝溶解度与含量控制的问题。当氧化铝含量控制较差，槽温应保持较高温度，当氧化铝含量控制在一个比较窄的范围时，槽温可以保持较低温度。因为氧化铝的溶解度随槽温降低而减小，所以槽温较低，氧化铝没有充分溶解，造成了在炉底沉淀，随后，由于电流分布的变化，造成了炉帮的损坏。从图 5-8 可以看出，在分子比较高区域即低过量氟化铝，过量氟化铝波动量是分子比较低

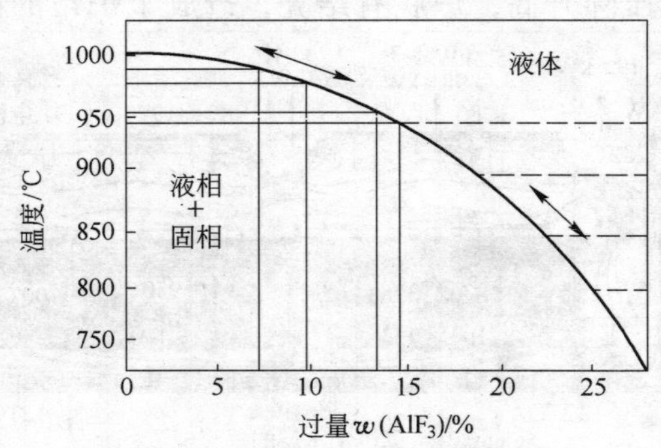

图 5-8 Na_3AlF_6-AlF_3 相图温度与过量氟化铝的关系[14,132]

Fig. 5-8 Part of the phase diagram of Na_3AlF_6-AlF_3

（过量氟化铝为 0 时，即为 Na_3AlF_6（冰晶石））

区域的两倍以上，而槽温变化相当。可见高分子比条件的槽温易于控制，电解槽易于管理[132]。较高的过量 AlF_3 含量，可获得较高的电流效率，但液相线变得陡峭，热量和物质平衡变化加剧，增加了电解槽的不稳定性，降低了氧化铝的溶解度，增加了电解质的电阻。因此，过量氟化铝应保持在一个适宜的范围。文献［133］通过实验研究了氧化铝的溶解性能。认为电解质温度对氧化铝的溶解速度有显著的影响，电解质温度越高，溶解速度越快，电解质温度越低，氧化铝含量对溶解速度的影响越大。$Al(OH)_3$ 煅烧温度对氧化铝溶解速度有显著影响，$Al(OH)_3$ 煅烧温度越高，氧化铝溶解速度越慢。为了提高电流效率，首先应保持电解槽稳定，槽温稳定，槽温在 955 ~ 965℃时氧化铝的溶解性能较好。国外大多数厂家均采用这一温度区间。为了进一步提高电流效率，当计算机可以稳定地控制 $w(Al_2O_3)$ 在 1.5% ~2.5% 时，可以进一步降低槽温，但此时要密切注意炉底和炉帮变化。要以长期稳定求效率，不能仅追求短时间的高效率，盲目降低槽温，忽视炉底而形成结壳和沉淀，使电解槽成为病槽。

近几年来，国外电解槽又开始向低温 952℃转移，证明他们很好地解决了氧化铝含量控制的问题。国外电解槽长期使用的是砂状氧化铝，而伊川铝厂由于原铝产量大，氧化铝来源广，大多采用不同厂家的国产中间状氧化铝，加之氧化铝含量控制不是太好，当槽温在 945 ~ 955℃时，炉底压降升高，炉底有结壳，造成了炉帮的破坏。图5-9、

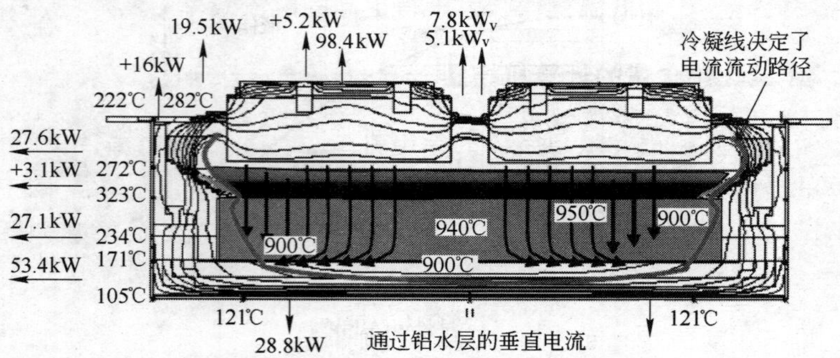

图 5-9　温度和过热度控制好的炉底无沉淀电解槽阴极电流走向示意图

Fig. 5-9　Sound temperature and super-heat temperature making the current distribution even passing through the cathode

图 5-10示出炉底有无沉淀对阴极电流分布的影响。阴极电流走向发生变化，会影响电解槽炉帮的形成和电解槽的稳定性[134]。

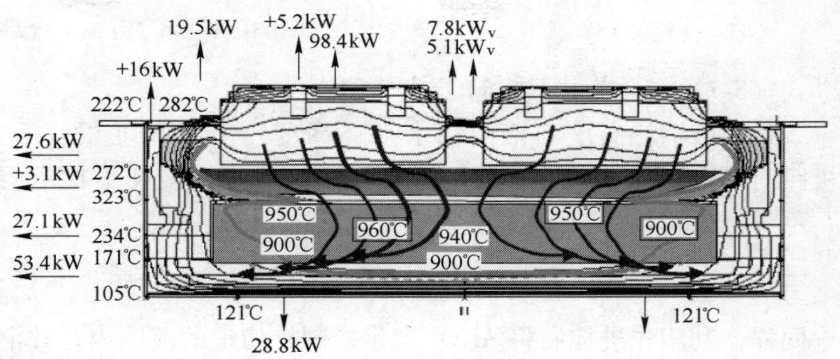

图 5-10 低温高氟化铝引起炉底沉淀阴极电流分布不均匀的阴极电流走向示意图

Fig. 5-10 More content of AlF_3 and low electrolysis temperature making the current distribution un-even passing through the cathode

当槽温较低时，氧化铝含量不好控制，宜形成沉淀的槽子。因此，槽温不应低于955℃，宜保持在955～965℃。当且仅当氧化铝含量通过计算机控制达到先进水平，炉底压降稳定。人员操作熟练时，可采用低分子比和低温操作，以求得更高的电流效率。

5.3.2 氧化铝含量的计算机控制

熔体中氧化铝含量与熔体的导电性成反比，即氧化铝含量越低，熔体的导电性就越好；反之，其导电性就越差。槽电阻（R）的主要影响因素为熔体中氧化铝含量（x）和极距（z），其关系式为

$$R = f(x, z) \tag{5-5}$$

将上式两边对时间（t）求偏导，则

$$\frac{\mathrm{d}R}{\mathrm{d}t} = \frac{\mathrm{d}f}{\mathrm{d}x} \cdot \frac{\mathrm{d}x}{\mathrm{d}t} + \frac{\mathrm{d}f}{\mathrm{d}z} \cdot \frac{\mathrm{d}z}{\mathrm{d}t} \tag{5-6}$$

假定槽电阻随时间的增量等于 $Y(k)$，并引入一阶干扰项，式

(5-6) 可化为:

$$Y(k)=b_1\cdot\mu_1(k-1)+b_2\cdot\mu_2(k-1)+\varphi(k)+c\cdot\varphi(k-1) \tag{5-7}$$

式(5-7)简化为式(5-8)、式(5-9):

如果阳极消耗高度与槽内铝水平(高度)上升高度相差不大,则极距对槽电阻影响很小,同时在控制中消除极距变化对槽电阻影响,不考虑一阶干扰项可将式(5-7)简化为

$$Y(k)=b_1\cdot\mu_1(k-1) \tag{5-8}$$

同样,利用先进控制将 Al_2O_3 含量控制在稳定的范围内,并消除干扰则 Al_2O_3 量对槽电阻的影响可忽略,式(5-7)可简化为:

$$Y(k)=b_2\cdot\mu_2(k-1) \tag{5-9}$$

式中 $b_1=\frac{dR}{dx}$——Al_2O_3浓度变化引起的槽电阻变化;

$b_2=\frac{df}{dz}$——阳极移动单位距离(mm)得槽电阻增量;

$\mu_1\cdot(k-1)=\frac{dx}{dt}$——$Al_2O_3$ 加入量与消耗量之差值;

$\mu_2\cdot(k-1)=\frac{dz}{dt}$——极距变化量;

$\varphi(k)$——白噪声;

k——采用时序;

c——常量。

从式(5-8)可以看出,根据估计的 b_1 值,利用试验已建立的槽电阻与槽内氧化铝含量关系曲线,就能调整氧化铝的加料速度,使得槽内氧化铝含量控制在一定范围内[135,136]。图5-11 示出槽电阻与槽内氧化铝含量的关系曲线;图 5-12 示出槽电阻随极距和氧化铝含量的变化曲线;图 5-13 示出氧化铝含量的定期校正思路。浓度校正思路如下:

每隔一定时间,系统自动停止加料。如果在规定的时间 t_0 内,

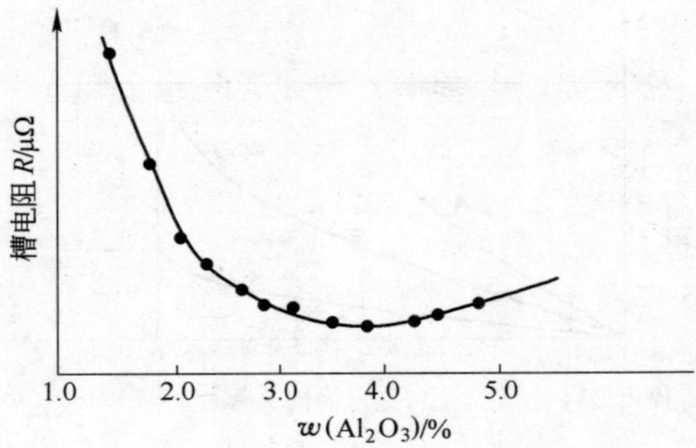

图 5-11 槽电阻与槽内氧化铝含量关系曲线
Fig. 5-11 Functional curve of cell resistance and alumina concentration in the cell

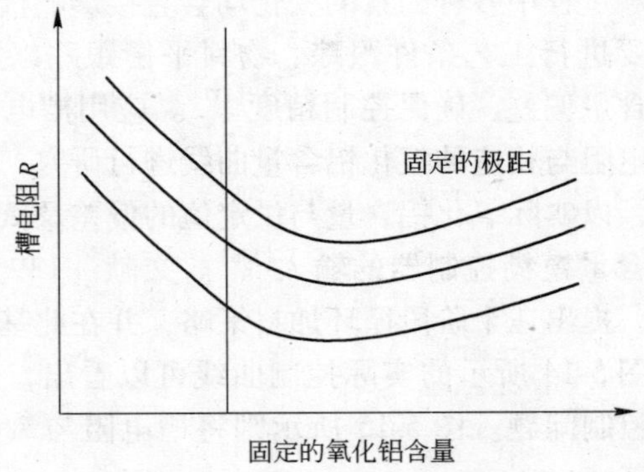

图 5-12 电阻随极距和氧化铝含量的变化曲线
Fig. 5-12 Electrical resistance varying with bipolar distance and alumina concentration

电阻斜率（S）上升到临界范围内，如图 5-13 中 A、B 两种情况，表明浓度已降至相应的临界范围，其相对应电阻斜率为 S_c，此后浓度跟踪将以此时的临界浓度和电阻斜率拐点为参考进行。反之，在达到规定时间后，电阻斜率仍未进入目标范围内，如图中情况 C，表明浓度已超出目标范围，必须进行调整。系统会依据电阻斜率偏差 ds 对

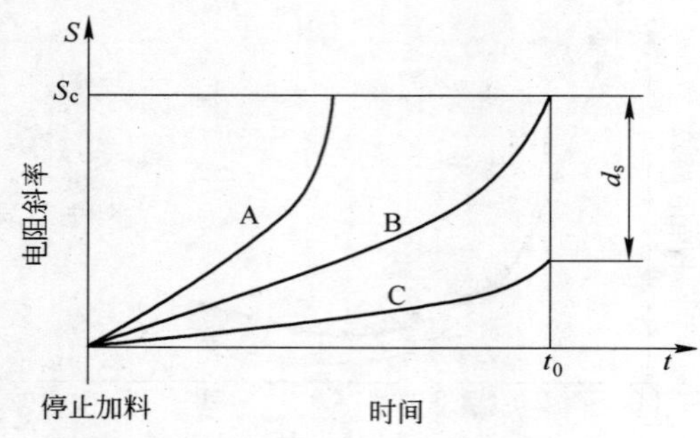

图 5-13　氧化铝含量定期校正思路[137]

Fig. 5-13　Rule of adjustment alumina concentration periodically

理论加料速率进行修正。

铝电解生产过程中各种因素的变化均会直接影响槽电阻，进而影响控制策略。要进行工艺条件跟踪、物料平衡跟踪以及定期含量校正，及时纠正含量偏差，确保控制精度[137]。应用槽电阻为输入参数对电解槽的槽电阻与相应的氧化铝含量曲线进行研究，得到氧化铝含量及其变化率，以实际氧化铝含量与设定值的偏差及氧化铝含量变化率作为氧化铝含量模糊控制器的输入[138]。文献［139］结合铝电解槽生产的特点，提出三个阶段循环加料策略，并在此基础上采用模糊控制技术。从图 5-14 所示的实际控制曲线可以看出，比较好地解决了氧化铝含量控制问题。图 5-15 所示则将槽电阻与氧化铝含量对应关系分为四个区：

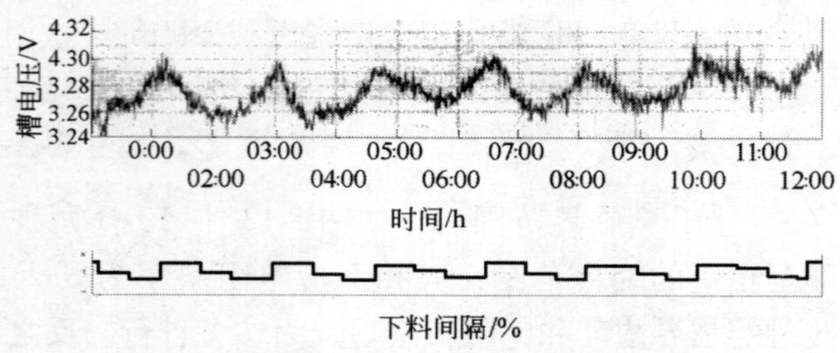

图 5-14　实际的控制曲线

Fig. 5-14　Actual curve of alumina concentration adjustment

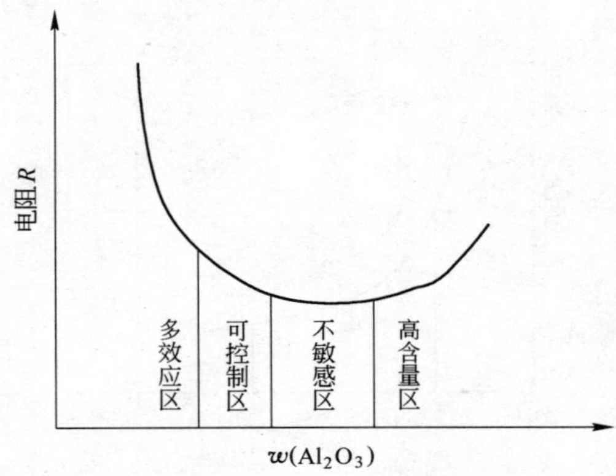

图 5-15 氧化铝含量特征-电阻曲线

Fig. 5-15 Responsibility of alumina concentration to electrical resistance of electrolyte

高含量区：电阻对含量的变化敏感，电流效率高，但含量易饱和，造成槽况恶化；

不敏感区：电阻对含量的变化不敏感，电流效率低；

可控制区：氧化铝含量较低，电阻对含量变化敏感，电流效率高；

多效应区：氧化铝含量很低，电阻随含量降低而急剧升高，电流效率较高，易引发效应。

文献［140］认为可采用电阻斜率预估方法进行效应预报。在效应发生前 5 ~ 20min 进行效应预报，以便采取必要的效应预报控制，抑制非计划效应的发生。低氧化铝含量可以减少铝的二次氧化，从而提高电流效率。从能量平衡保持一个恒定的少量氧化铝定时添加，可以稳定电解槽的热平衡。图 5-16 示出高低氧化铝含量切换的控制方法。图 5-17 所示为高低氧化铝含量过欠切换加料控制与时间的关系曲线。图 5-18 表示当电阻斜率值增加到使氧化铝含量为 w_L时，槽内氧化铝含量达到低含量点，这时进入一个过加料周期，氧化铝含量逐渐提高，直到电阻斜率又降到使氧化铝含量到 w_h，又进入欠加料周期，氧化铝含量又逐渐降低，如此周期性循环。按照图 5-19 所示采用两两交错的区域重叠切换控制策略，可尽量减少下料速度切换的扰

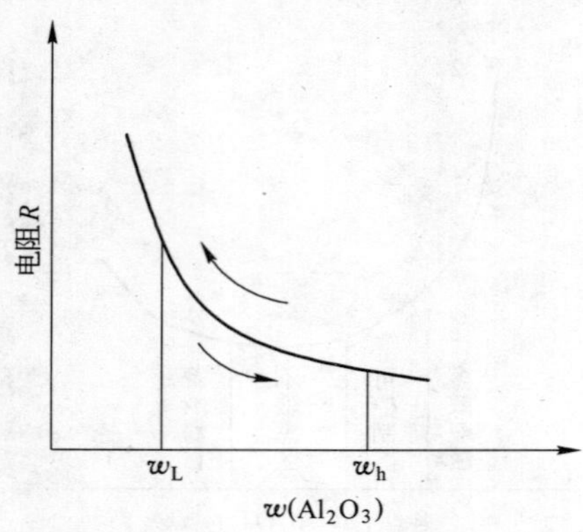

图 5-16　高低氧化铝含量切换控制示意图[140]

Fig. 5-16　High-low switch of alumina concentration control idea

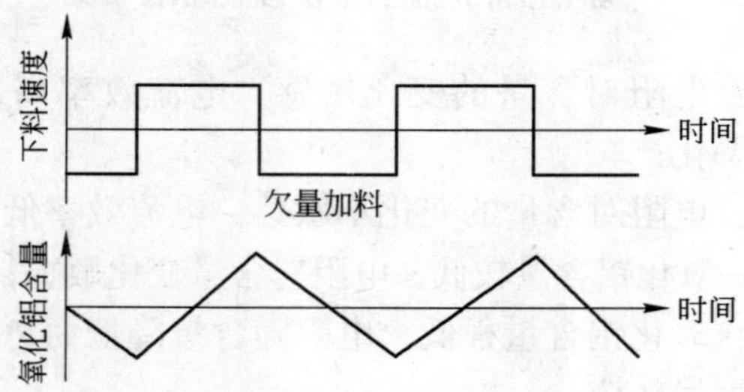

图 5-17　高低氧化铝含量过欠切换加料控制与时间的关系曲线[140]

Fig. 5-17　High-low switch for over-lack alumina concentration by feeding control

动性，增加系统控制的稳定性。文献［141］摸索出了铝电解槽表观电阻与氧化铝含量之间的关系曲线，建立了氧化铝含量模糊控制模型，实现了铝电解槽的按需下料，极大地降低了阳极效应系数，同时开发了槽况自诊断、极距调整、设定电压自修正、阳极效应预报等模型；认为电解槽在运行较长时间（24h 或更长）后，需要重新确定槽中氧化铝含量。这样就需要停止槽下料，以判断目前槽中氧化铝含量，通过改变加料速度和加料状态，对电解槽中过量的氧化铝消耗是

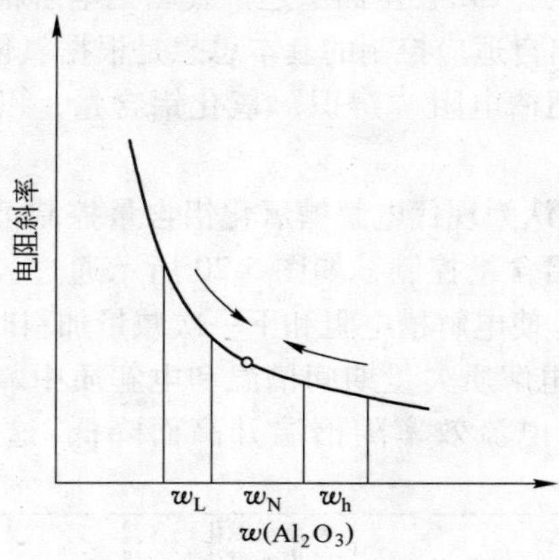

图 5-18 氧化铝含量区域切换控制[22,140]

Fig. 5-18 Alumina concentration switch in the control area

w_L—低含量区；w_N—中含量区；

w_h—高含量区；○—经济控制点

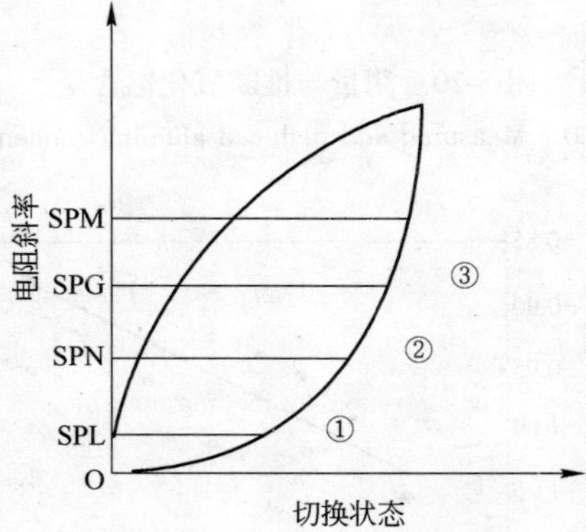

图 5-19 区域划分图[140]

Fig. 5-19 Different district of alumina concentration switch

①—高含量区；②—中含量区；③—低含量区

SPM—经济控制基点斜率；SPG—低浓度区点斜率；

SPN—中浓度区点斜率；SPL—高浓度区点斜率

十分有用的。文献［142］全面叙述了我国铝电解槽控制技术的发展过程和现状，指出自适应控制的基本思想是根据氧化铝含量与槽电阻的对应关系，利用槽电阻“辨识”氧化铝含量，以控制氧化铝加料速率。

文献［143］认为现代电解槽氧化铝含量控制策略是通过监控槽电阻来实现氧化铝含量控制，如图5-20所示通过欠量、增量等加料周期的巧妙处理，使电解槽电阻和下一次减量加料时的理论槽电阻接近。图5-21示出电解质欠量期间槽温和电解质中氧化铝逐渐溶解的关系。图5-22示出电流效率随槽温升高而降低。这是由于欠量加料

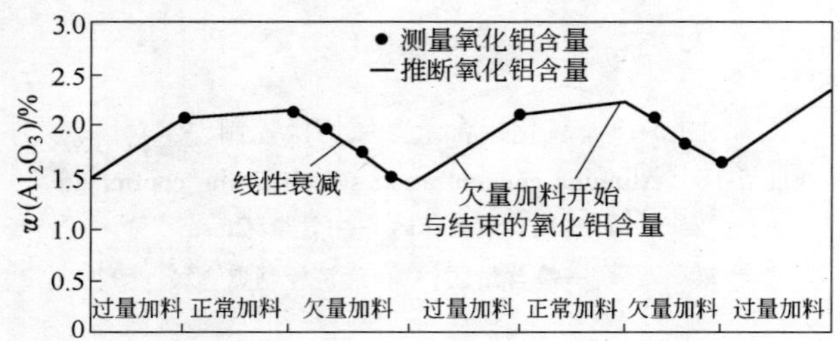

图 5-20 测量与推断氧化铝含量

Fig. 5-20 Measured and deduced alumina concentration

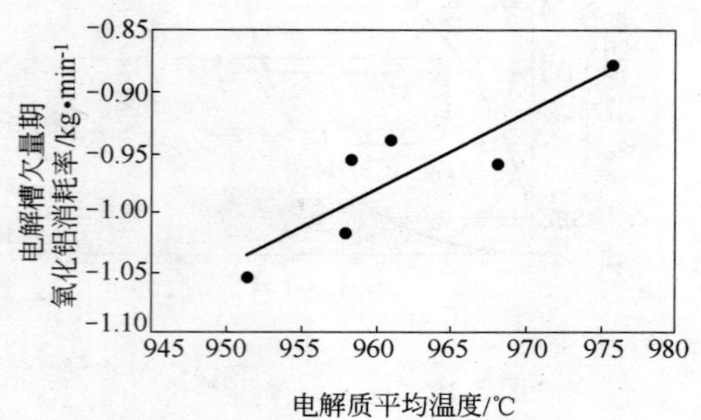

图 5-21 电解槽欠量期氧化铝消耗率与槽温的关系

Fig. 5-21 Cell average absolute alumina depletion rate versus average base feed temperature

期间，在铝液和电解质界面存在一个氧化铝结壳层，从而引起槽电阻的变化，随着欠料期间电解质温度的变化，氧化铝随时间在不断消耗。因此，氧化铝随时间变化量和下一次加料速率、系列电流、电流效率有关，如控制不好，将在炉底形成沉淀和结壳。图 5-23 示出炉底结壳溶解进入电解质的示意图。将氧化铝含量换算成槽电阻，通过控制槽电阻在某一特定范围内，从而实现氧化铝含量的精确控制。从表 5-4 可以看出，电解和饱和期间的氧化铝含量计算值不同，它们之间存在一个梯度。图 5-24 示出随着氧化铝含量变化，测量槽电阻与理论电阻存在一定差异[143]。

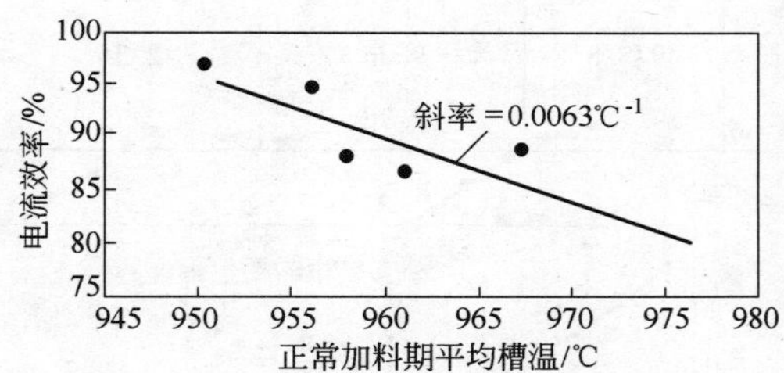

图 5-22 电流效率与加料期间槽温的变化关系

Fig. 5-22 Calculated current efficiency versus average base feed temperature

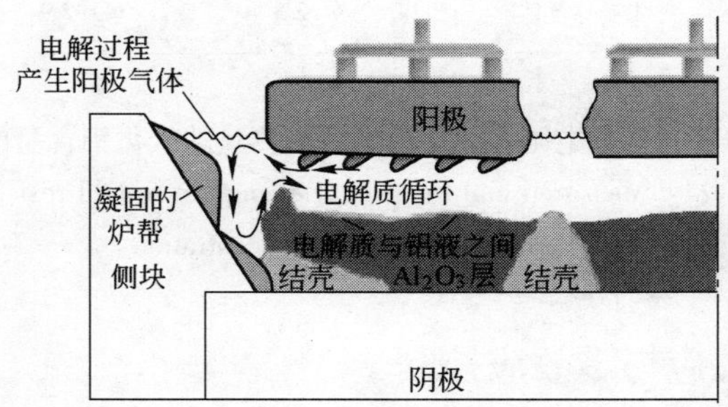

图 5-23 结壳变成电解质可能的溶解途径

Fig. 5-23 Possible dissolution paths for sludge to electrolyte

表 5-4　电解和饱和期间氧化铝含量变化

Table 5-4　Calculation of alumina concentration difference between electrolyte and saturation

槽号	$w(AlF_3)$ /%	电解质温度 /℃	计算的饱和氧化铝浓度（质量分数）/%	加入氧化铝的实际含量（质量分数）/%	实际氧化铝含量(质量分数) /%
A	12.81	957.8	8.11	2.51	5.61
B	12.88	961.0	8.22	1.94	6.28
C	10.13	958.4	8.39	2.97	5.41
D	10.49	967.9	8.72	2.11	6.61
E	8.05	975.8	9.26	2.34	6.93
F	13.87	951.2	7.78	2.76	5.02

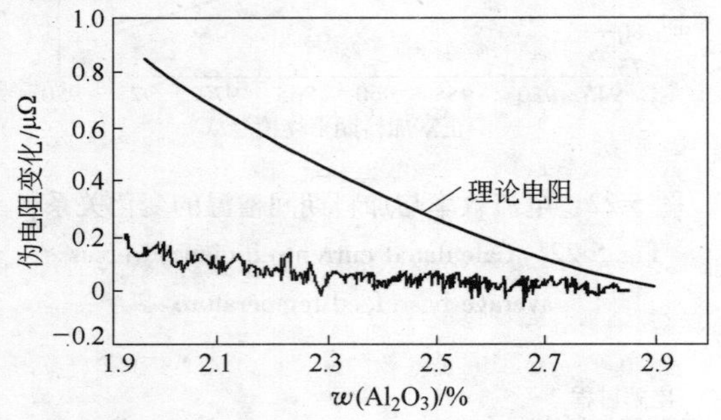

图 5-24　测量槽电阻和理论槽电阻随测量的氧化铝含量的差异

Fig. 5-24　Measured and theoretical change in pseudl-resistance for measured alumina concentration

5.4　阳极效应与零效应控制

正常电解槽排出的气体中大约有 90% 的 CO_2 和 10% 的 CO，阳极效应排出的气体有 60% ~70% CO，15% ~20% CO_2，15% ~20% CF_4，1% ~3% C_2F_6 [144,145]。阳极效应不仅浪费了大量电能，而且对环保影响很大，1t CF_4 或 C_2F_6 气体的温室效应分别相当于 CO_2 的

6500t 或 9200t[146]。文献［147］认为，阳极效应与电解质对阳极湿润变化有关。文献［148］认为，阳极效应的发生是由于氧化铝含量减小、阳极底掌下气泡增大、阳极湿润性变差、电流分布密度增大等原因造成。效应发生前，气泡逐渐聚集成为大气泡阻碍了电流通过，造成槽电压快速升高。图 5-25 示出工业电解槽效应突发在效应发生前 20min，可以通过槽电压的不间断变化观察到，而且在最后 500ms 电压升高至 15 ~30V[148]。因此，完全可以通过效应预报进行效应控制。

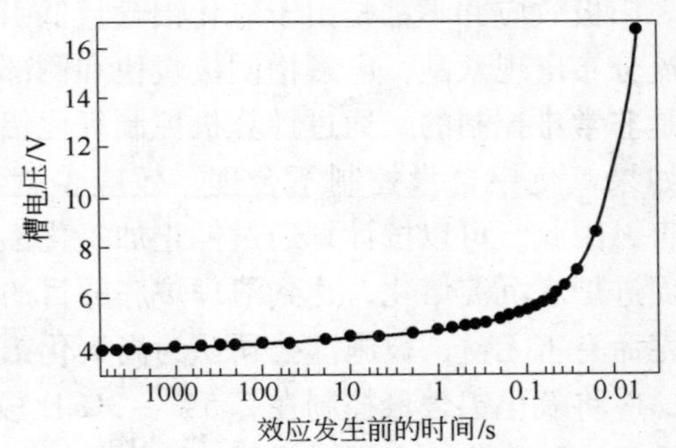

图 5-25 效应发生前最后 20min 内 180kA 槽电压变化曲线图

Fig. 5-25 Semilogarithmic plot of the a 180kA cell with prebaked anodes during the last 20 minute prior to anode effect

阳极效应发生时，氧化铝含量起决定性的作用。阳极效应发生存在以下关系式：

$$w_{\infty} = I/A \times [(1 - f_{\mathrm{I}})/(1 - \theta^{\divideontimes})(1 - f_{\mathrm{A}})]/[(n)Fk] \quad (5\text{-}10)$$

式中 w_{∞}——整体累积的氧化铝含量；

I——电流，A；

A——阳极活性面积，cm^2；

n——电子数量；

F——法拉第常数，$96485 \times 10^4 C/mol$；

k——物质传输系数；

f_{I}——通过阳极侧部电流的部分，A；

θ^{*}——气泡覆盖的部分；

f_A——阳极底掌通过电流快速地从初始达到临界边缘的部分。

当 $\theta^{*}<0$，$kw_{\infty}>0$ 时效应容易发生。当界面氧化铝含量连续降低，一直到最后为零，电流密度达到一个临界值，从而引发效应发生。在效应发生期间，气体从电解质中分离出来是一个次要的反应[148,149]。

人们对阳极效应传统的预测认为，效应初期伴随着槽电压的快速升高，经常采取快速添加氧化铝的办法，但是这种办法并不能完全快速地处理效应。阳极效应并不都是由于氧化铝含量低引起的，也可能会由于阳极电流分布出现紊乱，电解槽阴极炭块和侧部没有炉帮的电解槽阳极效应是非常难控制的。通过计算机控制氧化铝含量可大大降低效应系数。如果氧化铝含量控制不合理，效应少就易形成炉底结壳，对槽子有害，因此，可以按计划通过停止加氧化铝来引发阳极效应，产生过热促进炉底沉淀熔化，达到清理炉底的目的。多发效应必将对炉帮和槽寿命有害无益，彼施涅公司认为高氧化铝含量的电解槽电流效率偏低，应将氧化铝含量控制在2.5%~3%比较合理[150,151]。

现代化计算机控制氧化铝含量对降低效应提供了好的基础，电解槽在较低的氧化铝含量容易引发效应，通过监控电压、槽电阻曲线变化有助于避免效应，在槽内衬和炉帮完好、母线设计合理的状态下容易实现零效应。因此，杜绝效应发生要求密切关注氧化铝含量、阳极电流分布和极距等的控制。破损槽、波动槽、母线设计不合理的电解槽都会影响效应控制。阳极电流分布不均或残极电流分布故障都可能引发阳极效应，可以通过监测阳极电流分布并通过计算机计算式(5-11)标准方差 S，当 S 大于30%时，阳极效应就会发生。因此，精确的阳极设置以保证电流分布均匀和高质量地维护下料器是电解槽控制效应的基础[150]。

$$S=\sqrt{\frac{1}{n}\sum_{i=1}^{n}(I_i-I_a)^2} \tag{5-11}$$

式中　S——标准方差；

n——阳极导杆的数量；

I_i——导杆电流，A；

I_a——平均电流，A。

文献［124］研究表明，用湿润学说、氟离子放电学说，还是用静电引力学说解释阳极效应的发生。总体来说，铝电解在临近发生阳极效应时，会发生以下各种现象：

（1）电解质本体中的氧化铝含量降低；

（2）炭阳极附近氟离子含量升高，而氧离子含量降低；

（3）炭阳极的电位超过含氧离子放电所需的电位；

（4）炭阳极上氟离子放电，生成碳氟化合物 CF_4 和 C_2F_6。炭阳极表面覆盖了一层不湿润的气体膜。

邱竹贤提出的阳极对电解液排斥学说更好地分析阳极效应的发生。其要点如下：

（1）发生阳极效应的熔盐电解过程有一个共同的特点，即阳极上有气体析出，这些析出气体的阳极，产生一种排斥电解液的作用，阳极电流密度增大。当电解液中氧化铝含量减少时，阳极电流密度便达到临界电流密度，从而产生阳极效应。

（2）提高电流密度而发生的阳极效应。开始电解时，由于阳极上析出气体，电解液部分地被排挤开，但是仍然能够进行正常电解。当电流密度增大，阳极气泡增多，阳极就在更大程度上排斥电解液。达到临界电流密度时，电流的通路绝大部分已经闭塞，一部分电流便被迫从气体中通过，在高压下以细小的电弧穿过此气体层，产生了静电引力而被吸附在阳极上，引起阳极效应。

（3）减小氧化铝含量而发生的阳极效应。临近阳极效应时，其中含有较多的 CO 气体和 CF_4 和 C_2F_6 气体是容易极化的，极化后的气泡便被吸引到炭阳极上，引起阳极效应。

氧化铝含量低时发生阳极效应，不仅浪费了大量电能，而且对环保影响很大，特别是 CF_4 和 C_2F_6 气体的温室效应分别相当于 CO_2 的 6500 倍和 9200 倍，所以控制阳极效应发生频率和持续时间是国际铝工业共同关注的议题。当氧化铝含量高时，由于氧化铝不能及时溶解，将产生炉底沉淀，对电解槽正常生产产生巨大影响。我国大型预焙槽生产被迫进行工艺调整，以电解质温度和效应管理为中心，随着点式下料技术和计算机控制技术的发展，通过欠量、增量、正常等控制加料速率变化，很多厂家已经将效应系数较好地控制在 0.15 ~ 0.3 次/(槽 · 日)。伊川铝厂 2006 年 3 月开始在第二铝厂的 2 工段开展了 300kA 电解槽综合控制技术的技术攻关。通过加强电解槽电阻与氧化铝含量的对应控制，非常完好地将氧化铝含量控制在 1.5% ~2.5%，将效应系数控制在 0.05 次/(槽 · 日)。并且通过过热度九区控制，将过热度平稳地控制在 6 ~ 10℃。不仅炉帮形成完好，而且炉底压降可以长期地保持不变，从而为无效应管理奠定了基础。同时，进一步更新了电解槽管理理念，树立稳定压倒一切，以控制好过热度和氧化铝含量为中心，最终实现无效应管理，获得了巨大的经济效益和社会效益。

5.5　本章小结

通过不同氧化铝含量控制机制下的结果进行分析，阐明氧化铝在电解槽中的溶解行为、阳极效应的本质及其处理效应机制等问题，提出了采用综合控制技术，以控制过热度为中心，实现电解过程无效应管理的目标。

6　氧化铝含量模糊控制技术

近年来，尽管我国电解铝发展速度迅猛，200kA、300kA 级电解槽技术在全国范围内推广应用，生产技术经济指标比较先进，但和国际先进水平还有一定差距，主要是在计算机控制技术开发上还需要进一步提高。伊川第二铝厂 300kA 电解槽计算机控制系统是由两台管理计算机、6 台接口机和 258 台槽控箱组成的一套集散式控制系统。该系统包括氧化铝含量自适应控制和智能模糊控制、极距调整、打壳下料、出铝、换极等特殊过程控制。通过加强氧化铝含量控制的计算机控制等技术开发，真正实现氧化铝含量为 1.5% ~2.5%、效应系数 0.05 次/(槽·日)，并将槽温、过热度、分子比及电压管理更加精细化，以实现电流效率达到 94% 以上、吨铝直流电耗实现低于 13000kW·h 的目标。

6.1　氧化铝含量控制技术

6.1.1　氧化铝含量控制模型

氧化铝含量、极距、电解质温度和分子比不能在线检测，因此要想使电解槽保持优化状态是很困难的。通过电压和系列电流估算未测量工艺参数建立模型可以用作槽况监控。式（6-1）、式（6-2）是氧化铝含量数学模型[152]：

$$w_{未(t+\Delta t)} = w_{未(t)}/(1 + w_1\Delta t) + m_{feed}(w_{(t)} - w_1)/M_{bath} \tag{6-1}$$

$$w_{(t+\Delta t)} = w_{(t)} - 1.76 \times 10^{-2} - \eta(I\Delta t)/m_{bath} + w_1\Delta t w_{未(t)} \tag{6-2}$$

式中　w——氧化铝质量分数,%；

$w_{未}$——未溶解氧化铝的质量分数,%；

t——下料时间间隔，s；

w_1——某一时间的氧化铝质量分数,%；

Δt——下料时间，s；

m_{feed}——一次氧化铝下料量，kg；

$w_{(t)}$——下一次测量的氧化铝质量分数,%；

m_{bath}——电解质的质量，kg；

η——电流效率,%；

I——系列电流，kA。

文献［153］报道 BRATSK 铝厂已经开发一种计算机控制系统，实现了电压预先设定控制，可以满足电解槽热平衡的稳定性。文献［154］研究分析了电解质温度、过量氟化铝、氧化铝含量变化对槽电阻和槽控制的影响，并开发一种槽温与过量氟化铝全新的控制策略。文献［155］应用一种控制模型可以独立运行并通过调整氧化铝含量变化来对槽电阻进行控制。文献［156］开发的电解槽模糊控制专家系统，通过 SEC（statistical electrolysis control system）和 FMEA（failure mode and effect analysis）专家数据分析判断来实现过程控制，可以减少病槽数量、降低效应系数、降低生产成本。文献［157，158］介绍了一种控制模型，其以预测操作条件变化后的运行结果。公式（6-3）是氧化铝溶解的数学模型。

$$\frac{dw(Al_2O_3)}{dt} = \frac{S(Al_2O_3) \times K_{dr}[(w_s(Al_2O_3) - w(Al_2O_3)]}{m_b} \tag{6-3}$$

式中　$w(Al_2O_3)$——电解质中氧化铝质量分数,%；

$w_s(Al_2O_3)$——氧化铝饱和质量分数,%；

$S(Al_2O_3)$——氧化铝表面积，cm^2；

m_b——电解质重量，kg；

K_{dr}——溶解速率常数。

图 6-1 示出加料期间电解质温度和初晶温度的变化情况。随着氧化铝的添加，电解质温度和初晶温度先降低后升高，变化趋势基本一致。图 6-2 示出效应期间电解质温度和初晶温度及槽电阻随着效应发生先慢慢升高后急剧升高，效应熄灭后温度和电阻降下来的情况。从图 6-3 可以看出，氧化铝过量加料期间氧化铝质量分数由 12. 2% 降至 10. 8%，下降了 1. 4 个百分点，而在停止加料后，在效应发生之前氧化铝质量分数由 10. 8% 上升至 12%，证明过量与欠量及不加料期间，氧化铝对电解质化学成分有影响，并且是电解质成分变化调整错误控

制的根源[159～163]。

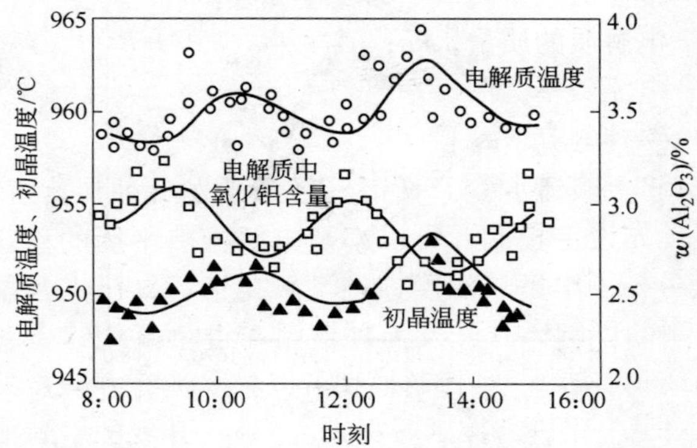

图 6-1 加料期间电解质温度和初晶温度情况

Fig. 6-1 Bath and liquidus temperature during feed cycle

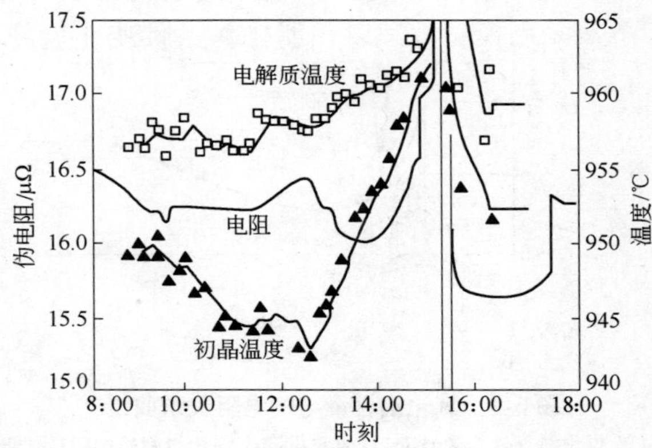

图 6-2 效应期间电解质温度和初晶温度情况

Fig. 6-2 Bath and liquidus temperature during anode effect

国内外各大铝业公司和研究部门对氧化铝含量控制进行了深入的研究，并取得满意的成果。氧化铝含量与槽电阻之间的对应关系如图6-4 所示。研究表明，$w(Al_2O_3)$ 为 1.2% ~3.5% 时，$w(Al_2O_3)$ 每降低1%，电流效率可提高 2%，且槽电阻随 $w(Al_2O_3)$ 变化较为灵敏。因此将氧化铝含量控制范围选在低含量区 1.5% ~2.5%，通过计算机

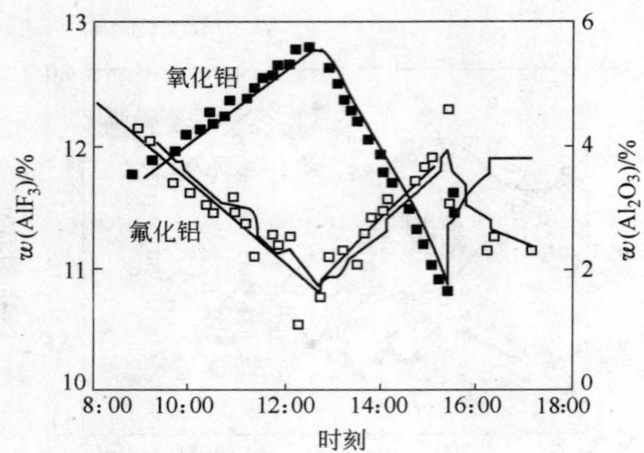

图 6-3 效应期间氧化铝和氟化铝含量的变化

Fig. 6-3 Alumina and AlF_3-concentration at anode effect

控制可获得稳定的、较高的电流效率。

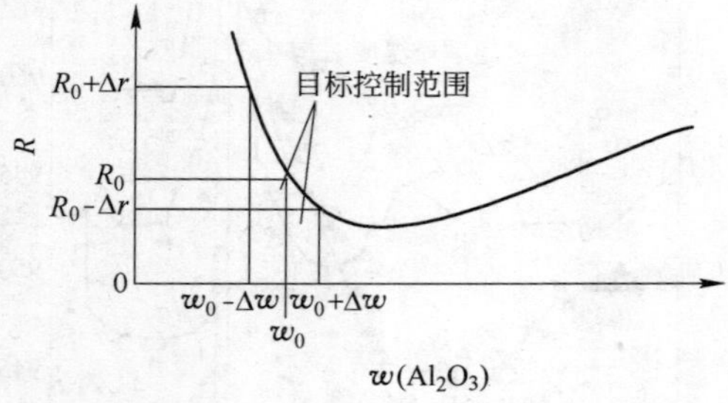

图 6-4 氧化铝含量与槽电阻关系曲线

（Δw 为氧化铝含量 w（Al_2O_3）的变化量；Δr 为电解质电阻变化量）

Fig. 6-4 Relationship between the alumina content and the cell resistance

文献［137］提出，在控制氧化铝含量的同时，工艺条件变化时控制基点调整、物料平衡监控、含量定期校正等监控策略可确保含量控制的准确性。氧化铝含量控制实际上就是控制电解槽的物料平衡，据图 6-4 可知，当氧化铝含量在 1.5% ~2.5% 时，电解槽的电流效率最高，但最容易发生阳极效应；如果仅保持固定的加料间隔，电解槽的氧化铝含量可能会偏高或偏低，炉底发生沉淀或效应多发。由于计算机控制技术的发展，可以由计算机和槽控箱芯片程序按照槽电压、比电阻等变化情况及时调整 NB（Narrow-Band 的缩写）加料间隔。当氧化铝含量偏低时，电压升高，进入增量期；电压降低时，逐渐过渡至正常加料周期；电压降低或电压不变时，进入减量期，进一步降低氧化铝含量，从而使得电解槽按照实际槽况按增量、正常、减量控制氧化铝含量基本保持在 1.5% ~2.5%，控制电解槽不发生突发效应。当进入效应等待期间，效应能够及时发生，或在第二次加料周期或等待期间发生效应。这些效应均是良好效应，计算机控制的一般受控率达到 90% 以上。

6.1.2 氧化铝含量控制策略

我国大型预焙槽模糊控制技术已基本成熟，模糊控制主要是氧化铝含量控制等，氧化铝含量控制在 1.5% ~2.5%，效应系数在 0.05 次/(槽 · 日),其控制目标管理模式如图 6-5 所示。效应预报的关键在于能否有效地控制低氧化铝含量，保持一个恒定的少量氧化铝的定时添加，可以稳定电解槽的热平衡。由于电解槽模糊控制和专家系统对电解槽的出铝、换极、效应、低槽温及异常现象处理等进行控制，通过调整工作电压、氟化铝添加和氧化铝含量等控制使电解槽高效平稳运行，不仅能获得较好的生产技术指标，而且可以大大延长槽寿命。

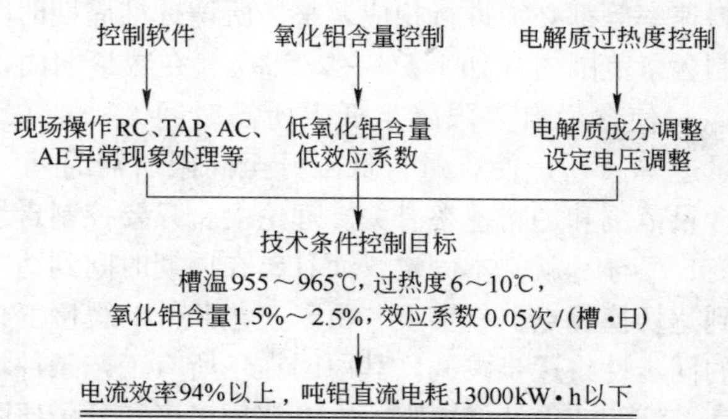

图 6-5 电解槽模糊控制目标管理模式图

RC—槽电阻(电压调整)；TAP—出铝；AC—阳极更换；AE—阳极效应

Fig. 6-5 Objective of management mode in cell fuzzy control chart

应该看到，不同槽型的控制硬件基本相同，但软件开发则各有特点，应根据设定的目标进行无数次调整，最终求得最佳的生产指标。

6.1.2.1　正常加料、减量加料、增量加料切换

为了保证含量估计的精度，必须保证输入变量有足够大的变化，为此在下料速率控制方式的选择上，将加料过程分为正常加料、减量加料、增量加料3个周期。3个加料周期的切换，人为制造了含量波动，使输入量有了足够大的变化。

为了保证斜率跟踪的准确性，以及电阻控制的准确性，在减量周期和增量周期内不进行阳极调整，在槽电阻偏离目标值超过一定范围时，加料周期将及时转入正常周期进行阳极调整，使槽电阻始终接近目标电阻。

6.1.2.2　工艺条件变化时控制策略

工艺条件变化因素包括两个部分。一是在电解生产过程中，电解槽必然会受到出铝、换阳极、边部加工、阳极效应、电流波动等各种人为干扰。这些干扰都会引起槽电阻的变化。当发生这些干扰时，系统中的监控程序将自动启动，对各种干扰进行识别，以对参数进行重新估计和氧化铝含量的重新跟踪。例如，停止加料一定时间，并进行跟踪，待稳定并调整电阻于目标范围内后，再转入氧化铝含量控制。二是工艺条件变化时控制基点调整。工艺参数变化时，标准周期时间及标准加料速率等都必须进行相应调整。所谓标准周期时间，是指在一定的控制含量范围内（如1.5%~2.5%），在减量期内，按一定减量速率（v_{j0}）使含量自高限降至低限所需时间t_{j0}；或在增量期内，按一定增量速率（v_{i0}）使含量自低限升至高限所需时间t_{i0}。t_{j0}与t_{i0}只与控制含量范围和加料速率有关。理论上，只要控制含量范围和加料速率不变，t_{j0}与t_{i0}就基本固定，而且，在周期时间到达时，电阻斜率也基本到达切换拐点。事实上，由于工艺条件的缓慢变化，周期时间与斜率的同步性将逐步失调。其原因在于所有工艺条件均影响到氧化铝溶解度、溶解速度及槽电阻。在电解质温度和分子比降低以及铝水平升高而使电流效率升高（即氧化铝消耗率提高）的同时，氧化铝溶解度、溶解速度以及扩散速度降低，氧化铝供需矛盾加剧。同时，温度、分子比降低，电解质对阳极湿润性变差，使得极化电阻迅

速升高，即电阻和曲线斜率升高。为缓解这些矛盾，在温度、分子比降低时，氧化铝含量控制范围需相应提高，以弥补湿润性、溶解度、溶解速度及扩散速度的损失。具体策略是降低标准加料速率，同时拉长标准周期时间。

6.1.3 氧化铝含量控制实例

伊川铝厂 SY-300 大型预焙铝电解槽设计及控制均是由沈阳铝镁设计研究院完成的。控制系统经过长期现场试验与校正，找出了适合本槽型的最佳氧化铝含量控制方案，并取得了优良的控制效果。该氧化铝含量自适应控制是基于按需加料的原则进行的，将氧化铝加料周期分为：正常期、减量期和增量期，根据槽平滑电阻斜率变化，自动切换加料周期，使氧化铝含量周期性变化并受控，其中正常期电阻变化视为阳极极距的变化，允许调整阳极；当进入增量、减量期后，其槽电阻变化均视为氧化铝含量变化引起的，并据此自动修正加料速率，使氧化铝含量在 1.7% ~2.8% 内变化。氧化铝含量控制变化曲线如图 6-6 所示。

6.1.4 阳极效应控制

众所周知，阳极效应的优点在于能够清理阳极底掌和阴极炉底，并使电解质内的炭渣及时分离出来。20 世纪 80 年代时，阳极效应的发生是判定电解槽是否正常的标志之一。由于目前电解槽容量级增大，大多采用 200kA、300kA 级电解槽，加之计算机控制技术的不断提高，可对阳极效应进行控制，使之不突发，效应间隔不断延长，根据电解槽况需要控制阳极效应系数在 0.05 次/(槽 · 日)。槽温较高时，AE (Anode Effect 阳极效应) 不易发生，及时添加适量氟化铝，使炭渣尽快分离，槽温降低后，通过调整 NB (Narrow Band 窄频带)、AE 间隔使 AE 发生，缩短 AE 间隔，以效应等待不加料和效应多发来消耗炉底沉淀、结壳等是正确的；而抬电压、槽温高来化炉底是错误的，如此只能化炉帮。效应多发，炉帮熔化，以后形成的是低分子比炉帮，再来效应极易红炉帮，对电解槽寿命有影响。另外，氧化铝质量不同，如国外砂状与国内粉状、中间状氧化铝的溶解度不一样，实践证明，

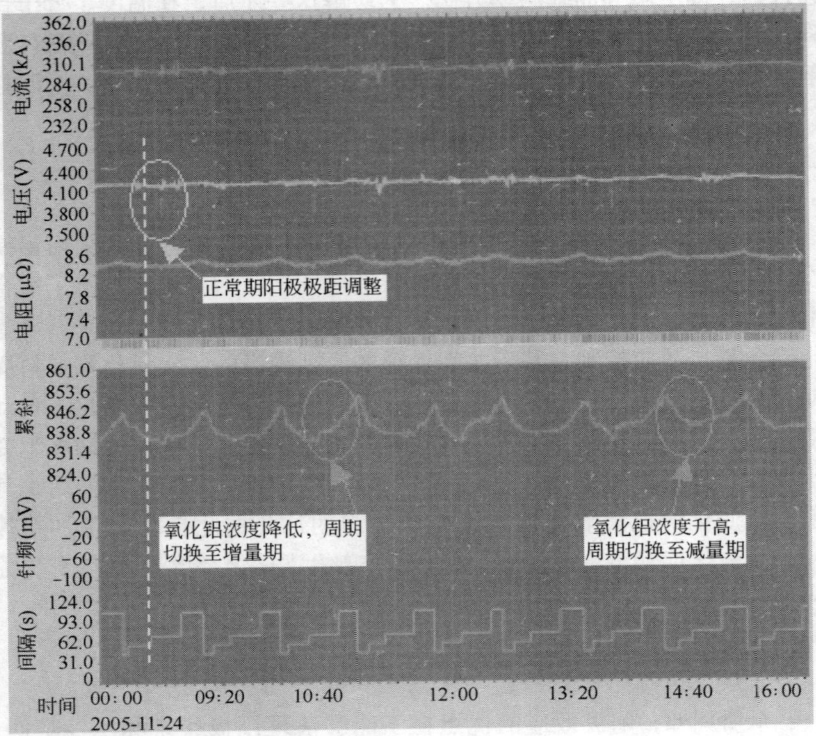

图 6-6 电解槽氧化铝含量控制变化曲线

Fig. 6-6 Control of a 300kA cell alumina concentration

对砂状氧化铝进行效应控制，阳极效应受控率可达到95%以上。

图 6-7 所示为 AE 控制原理图，其中 AE 间隔为人工设定，一般为 13h、21h、45h、69h 等，在效应等待之前发生的效应为突发效应 n_1，AE 等待（d_1、d_2）时间为 90min，在第二个 AE 间隔发生的效应

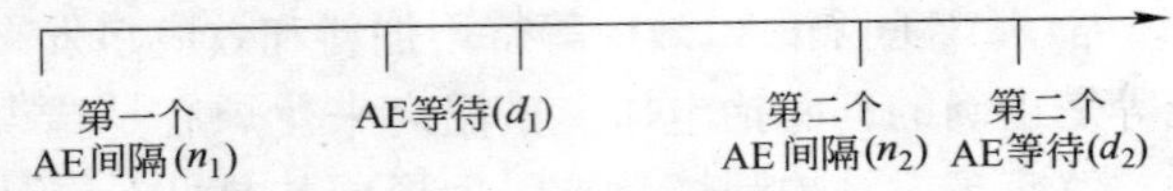

图 6-7 AE 控制类型原理图

Fig. 6-7 Anode effect control type principle illustration

为 n_2，原则上可认为 d_1、n_2、d_2 为优良效应，均属受计算机控制，n_1 效应为突发效应，应进行严格控制。伊川铝厂 300kA 电解槽效应系数已控制到 0.05 次/(槽·日)，主要对突发效应的发生原因进行跟踪并对症下药进行治理。加料间隔和 AE 间隔设置不合理，打壳、下料系统故障、计算机程序故障、槽温箱失电、电磁阀故障、槽况发生病变、熄灭效应方法不当等都会引起突发效应。

6.2 温度控制与分子比调整

在电解槽的两个平衡中，能量平衡较物料平衡更显重要。电解槽能量平衡控制的主要参数是电解质温度。电解质温度的高低对电流效率、电耗等技术经济指标有直接的影响[11]。电解质温度与电解质分子比、电解槽设定电压及铝液高度等有着很强的相关性。在目标分子比和过热度确定的条件下，电解质温度就要通过槽设定电压和铝水平来调节，目标分子比的保持则要通过适量的氟化铝添加来调整。通过一个半连续的自动测量装置对电解质水平、铝水平和电解质温度等进行测量，使之与过程控制体系即槽控机和电解槽系列监控系统完全结合起来；通过对在线数据和离线数据的分析，确定出当日氟化铝添加量，并输出设定电压与控制，通过调节氟化铝加料量和设定电压对电解质温度的控制，实现了对电解槽的能量平衡的控制。

电解质温度和电解质成分与槽况有关，如分子比、铝水平、电解质水平、氧化铝含量、槽电压、效应已发时间、增量期、正常期、减量期、炉帮形成状况、炭渣生成量的多少等。伊铝 300kA 电解槽正常生产的技术条件为槽温 952～962℃，分子比为 2.25～2.35，铝液水平 22～24cm，电解质水平 19～21cm。

电解质温度通过设定电压、氟化铝加料量、铝液水平来调节。氟化铝添加通过槽上部人工添加后，每天由工段技术人员根据近 5 日槽温、分子比等槽况计算氟化铝的添加量，然后由计算机控制在 21h 内均匀添加。

6.3 槽噪声、针振、波动槽控制

电解槽在生产过程中会时常出现电压针振，这种现象常称为槽噪声[12]。槽控机实时监控槽电压波动幅值和频率，一定时间后上位机可对引发噪声的原因进行解析、判断并报警。氧化铝含量高，加之槽温保持不好极易造成沉淀，从而使电压不稳、异常，一旦炉底结壳出现，水平电流增加，阳极侧部易空，此时电压极易发生针振现象，如有出铝、换极、效应后更加剧针振，电压波动严重，对电解槽造成很大影响。通过优化电解质成分，保持较低的氧化铝含量，炉帮形成良好，炉底干净，槽况良好，电解槽受控，AE 间隔可达 500h 以上。

6.3.1 电压针振自动识别原理

实际观测发现，不同原因所致槽噪声表现出不同的特征。首先是针振频率不同。阳极原因，频率一般高于 0.15Hz；而铝液原因频率一般低于 0.05Hz。其次，电压针振的规律性和曲线的均匀性相差较大。依据它们的针振特征，在出现噪声时，系统会立即提高采样频率，计算单位时间出现的波峰及波谷数，以确定第一种特征频率。同时连续累加相邻峰谷的电压差值，以确定曲线的规律性的第二种特征。实验表明，两种相结合，较为准确地反映了针振原因。图 6-8 示出两种原因所致噪声针振特征。在电解槽出现噪声后，系统立即开始跟踪，数分钟后，将两特征值显示在槽控机面板上，操作者通过两特征值范围即可判断噪声的原因。

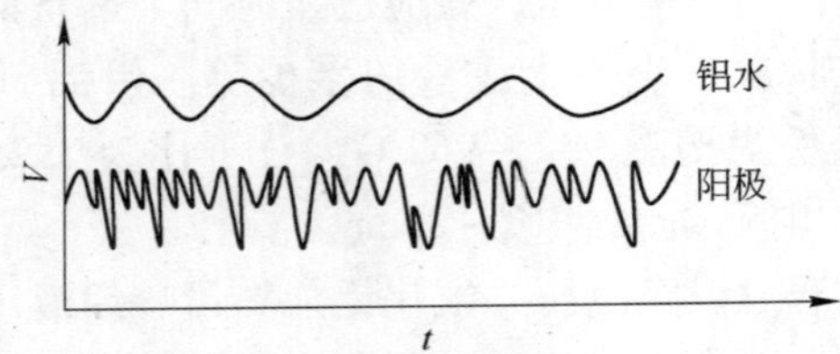

图 6-8 两种原因所致噪声特征

Fig. 6-8 Noise character coursed by anode and liquid metal

6.3.2 电解槽槽压波动自动处理

电解生产过程中时常出现较大的电压波动。对于由槽自身原因引起的电压波动，处理方法一般是将阳极提高，增大极距，保持一定时间的高电压，而后降回原电压。该系统以更合理的高电压和保持时间实现了处理槽压波动的目的。槽电压波动自动处理模拟系统过程如图6-9所示。

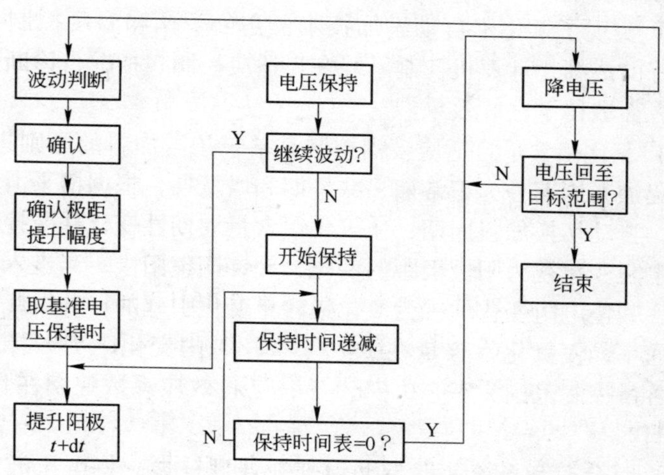

图6-9　槽电压波动自动处理模拟系统图

Fig. 6-9　Voltage fluctuation automatic adjustment simulation system chart

典型波动处理曲线如图6-10所示。

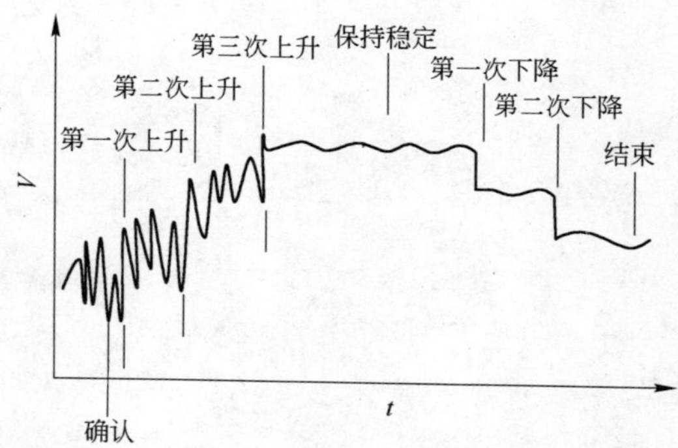

图6-10　典型的波动处理曲线

Fig. 6-10　A typical process of voltage fluctuation adjustment

6.4　本章小结

在第 5 章基础理论的支撑前提下，伊川铝厂 300kA 电解槽氧化铝含量控制技术的开发是成功的：

（1）实现了氟化铝自动添加技术，在分子比和温度控制方面取得了较好的成绩，计算机控制系统在自适应控制、槽况自诊断、动态仿真等方面取得了很好效果。

（2）氧化铝含量自适应模糊控制是基于按需加料的原则进行的，将氧化铝加料周期分为正常期、减量期和增量期，根据槽平滑电阻斜率变化，自动切换加料周期，使氧化铝含量周期性变化并受控，其中正常期电阻变化视为阳极极距的变化，允许调整阳极；当进入增、减量期后，其槽电阻变化均视为氧化铝含量变化引起的，并据此自动修正加料速率，使氧化铝含量在 1.7% ~2.8% 内变化；基本接近目标氧化铝含量控制范围为 1.5% ~2.5%；已将效应系数控制在 0.05 次/(槽·日)。

（3）综合控制系统能够自动识别并处理针振，将电压波动自动调节稳定。

7 300kA 电解槽过热度控制

伊川 300kA 电解槽 5 年运行的生产实践证明，低分子比、低槽温时，电流效率较高，但炉帮不一定好。分子比为 2.3～2.5，槽温较高，炉帮较好，但电流效率较低，不利于生产指标的提高。添加氟化镁、碳酸锂可弥补两者缺陷，不仅提高电流效率，而且炉帮形成较好。但要想获得最好的炉帮和最高的电流效率，对电解质成分的研究应进一步深入，应针对不同槽型与电解槽状况，寻求最优技术条件，创造最大的经济效益。经过长期的生产实践发现，炉帮形成不好，原铝质量下降，炉底形成结壳、沉淀等，关键就是过热度没有控制好。通过分析国内外电解槽过热度控制经验，结合伊川铝厂 300kA 电解槽的生产特点，通过和上海贺利氏电测骑士公司合作，找到一种 300kA 槽过热度控制的新方法，过热度控制在 6～10℃，电解槽运行平稳高效，电流效率达到 94% 以上，吨铝直流电耗 13000kW·h，效应系数为 0.05 次/(槽·日)，平均槽电压为 4.12V。

7.1 过热度控制理论

7.1.1 过热度的意义

电解质的初晶点通称为熔点，是电解过程中的重要参数之一。电解质温度与初晶温度之差为过热度。众所周知，降低电解质初晶温度可提高电流效率，添加氟化铝降低分子比是降低电解质初晶温度最常用的方法之一，但是分子比太低可能造成槽温过低，氧化铝溶解性能差，从而造成炉底沉淀结壳，并引发电压大幅度针振波动、异常电压等，电解槽运行恶化而形成病槽。电解槽通过氧化铝含量自适应控制做好电解槽物料平衡，温度控制可做好电解槽能量平衡。通过优化电解质成分，保持较低的初晶温度，保持合适的过热度，电流效率可不断提高。文献［164］指出，$w(Al_2O_3)$ 每升高 1%，电解质初晶点降低 6.7℃，氟化镁 MgF_2 为 5.7℃，氟化铝 AlF_3 为 3.6℃，氟化钙 CaF_2 为 2.8℃。保持合适的过热度主要有两方面作用：一是保证侧部有一层凝固的电解质保护层；二是保证氧化铝有足够好的溶解性。泰勒教授对此进行了详细的研究，其研究结论[165]可如图 7-1 所示。

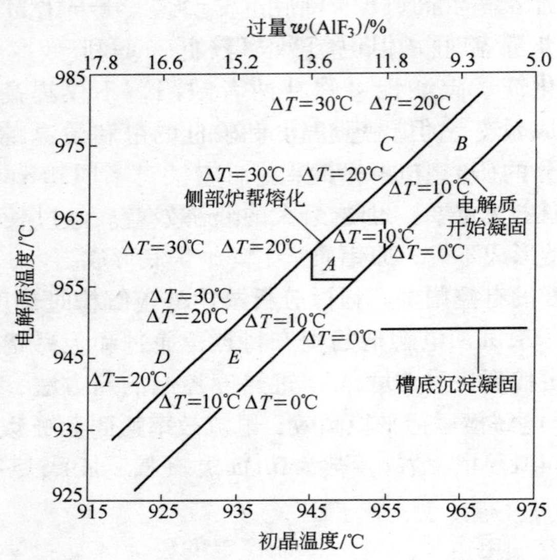

图 7-1　电解质的过热度对生产过程的影响

Fig. 7-1　Superheat temperature of electrolyte and its effect on metal production

目标区为 *A* 区，该区的电解质分子比为 2.1～2.2，假如电解质中仅含有 6% 的 CaF_2 和 3% 的 Al_2O_3，则电解质的初晶温度为 945～955℃。如果过热度保持在 10℃左右，则电解温度可控制在 955～965℃内。在 *A* 区，电解槽比较稳定，氧化铝溶解性较好，电流效率较高。

非目标区为 *B*、*C*、*D*、*E* 等区域，当电解质的初晶温度处于 *C* 区和 *D* 区，电解槽的过热度大于 15℃，电解槽的侧部炉帮难以形成，阴极连接处没有任何保护，阴极隆起、槽壳变形，容易造成侧壁早期破损或漏槽。如果电解质的初晶温度处于 *B* 区和 *E* 区，此时电解质的过热度不超过 15℃，电解槽的侧部可形成稳定的炉帮。

B 区电解质温度较高，电解槽比较稳定易控制，但易发生阴极泄漏危险。

E 区电解质分子比较低，电解槽的热稳定性差，电解槽很难控制。氧化铝的溶解性能变差，槽底沉淀增多，并且有可能形成难处理的结壳。尽管短时间内可能会取得较高的电流效率，但不会持久。

Kvande 认为较高的电解质温度和较低的电解质温度都可以得到较高的电流效率，这跟电解槽的稳定性有关[166]；Talereaux 认为过热度比电解质温度更重要，过热度小，电流效率高，过热度增加 10℃，电流效率降低 1.2% ~1.5%[167]。

想获得好的电解槽生产指标应当做好以下几方面工作[168]：

（1）保持电解质的组成稳定在目标范围内，包括稳定的电解质分子比和稳定的氧化铝含量。

（2）保证电解槽运行状况的稳定。主要包括电解质水平和铝液水平的稳定，避免产生大量的槽底沉淀、结壳，保证过热度在目标范围内。

（3）优良的电解槽设计。保证稳定的磁流体动力学和规整的炉帮。

7.1.2 过热度控制方案

过热度控制方案是一种新型的辅助性的过程控制方案，有效地利用了过热度传感器的测量结果，帮助电解铝厂来优化完善电解过程，尤其是槽控机的控制程序，从而有效地提高电流效率，降低热能损失，减少分析成本和减少炭的消耗量[169]。整个工业控制系统的正常电解操作过程中最主要的目标是获得稳定的生产指标[170]。铝冶炼厂通过控制电解槽的热平衡和物料平衡可以达到这个目的。一般来说，对热平衡的控制是在可能情况下采用调整极距（ACD）或能量输入；物料平衡的控制则是在可能情况下调整最合适的添加剂的办法。然而，热平衡和物料平衡的状态总是紧密联系和制约的[170~172]，氟化铝（AlF_3）的添加会引起初晶温度的下降、过热度的上升，从而流向侧部的热量增加，热平衡因此受到破坏；侧部熔化，氧化铝含量降低，因此使得 AlF_3 的添加效果并不明显。如果提高极距（ACD），能量输入增加，瞬间带来的变化提高了电解质的温度和过热度，炉帮熔化，所以初晶温度上升，导致了过热度的降低，减少了热量从侧部的流失。有可能由于极距的增加导致热损失的增加要低于预期想象的那样。

热平衡控制的主要目的是降低电解槽热收入来降低电解质温度，或增加电解槽热收入来提高电解质温度。如果输入到电解槽的能量变化了，化学成分也会随之改变。同时，如果电解质的化学成分变化了，热平衡也会受到影响。这是由于电解槽侧部炉帮和电解质的动态平衡变化造成的。

电解质中 NaF 和 AlF_3 之间的物质的量之比（简称分子比）不断的变化是因为：

（1）$NaAlF_4$（酸性）从电解质中挥发，导致更多的碱性电解质。挥发比例随温度的增加而增大[173]。

（2）钠被阴极炭块吸收，导致更多的酸性电解质。吸收比例会随着槽寿命的增加而降低[174]。

（3）氧化铝中含有的钠与电解质中的 AlF_3 反应，导致酸性电解质增加[175]。

（4）如果氧化铝来自干法系统，则含有氟化物，增加了电解质的酸度。

新的控制方案会带来更稳定的电解槽操作条件，图 7-2 所示是一个新型控制方案的热平衡控制流程图。新的热平衡可能会不同于目前条件下的热平衡。有可能需要调整新的目标铝液水平。一种新型的控制方案是基于对电解质温度和初晶温度的测量来使用的。这种方案提供了更准确的控制条件，如加入量和输入到电解槽的能量。是否添加 AlF_3 或 Na_2CO_3 取决于测量的初晶温度值。调整电解质温度（如能量输入或目标槽电压）取决于测量的过热度[169]。

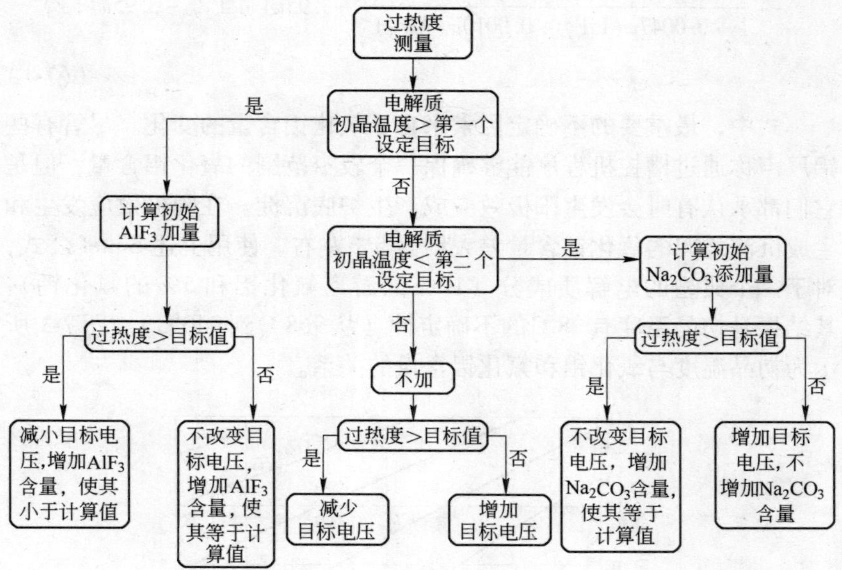

图 7-2 热平衡控制流程图

Fig. 7-2 Flow chart of thermal equilibrium control

7.2 过热度控制数学模型

7.2.1 初晶温度的计算

向电解槽添加氟化铝的主要目的是为了降低电解质的初晶温度，同时也降低金属的溶解性。通过化学分析法分析电解质成分，并使用初晶温度经验方程式计算出初晶温度值来控制氟化铝的加入量。广泛使用的公式为 Sintef 公式[176]。

$$T_l = 1011 + 0.50w(\mathrm{AlF_3}) - 0.13w(\mathrm{AlF_3})^{2.2} - \frac{3.45w(\mathrm{CaF_2})}{1 + 0.0173w(\mathrm{CaF_2})}$$
$$+ 0.124w(\mathrm{CaF_2})w(\mathrm{AlF_3}) - 0.00542[w(\mathrm{CaF_2})w(\mathrm{AlF_3})]^{1.5}$$
$$- \frac{7.93w(\mathrm{Al_2O_3})}{1 + 0.0936w(\mathrm{Al_2O_3}) - 0.0017w(\mathrm{Al_2O_3})^2 - 0.0023w(\mathrm{AlF_3})w(\mathrm{Al_2O_3})}$$

$$-\frac{8.90w(\mathrm{LiF})}{1+0.0047w(\mathrm{LiF})+0.0010w(\mathrm{AlF_3})^2}-3.95w(\mathrm{MgF_2})-3.95w(\mathrm{KF})$$

(7-1)

式中，最重要的不确定因素来自于氧化铝含量的变化。尽管有些铝厂声称通过槽控机程序能够确保一个较窄范围的氧化铝含量，但是它们都承认有时会发生阳极效应或产生炉底沉淀。在阳极效应发生和生成沉淀之间的氧化铝含量差大约为5%左右。使用上述Sintef公式，对于一个典型的电解质成分（12%的游离氟化铝和5%的氟化钙），其结果是初晶温度有28℃的不确定性（从968℃到940℃）。图7-3所示为初晶温度与氧化铝和氟化铝含量的关系。

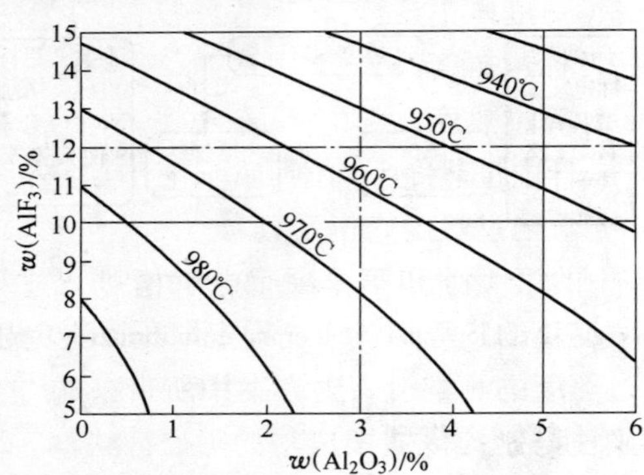

图7-3 初晶温度与氧化铝和氟化铝含量的关系（$w(\mathrm{CaF_2})$为5%）

Fig. 7-3 Liquidus temperature as a function of Al_2O_3 and AlF_3 concentration at 5 wt% CaF_2

7.2.2 过热度控制模型

1996～1998年，学者们提出了一种以减少电解质温度和电解质化学成分的波动[177～179]的过程控制模型。Aldel 用该模型预测氟化铝的需求量。这个模型使用电解质成分的化学分析并修正时间的滞后因素（所加入的氟化铝与电解槽内电解质成分的反应）。氟化铝添加量的数学模型由以下的方程式计算：

$$F = F_0 + k_t \times (T_{测量} - T_{目标}) + k_c^* (w(AlF_3)_{目标} - w(AlF_3)_{测量}) \tag{7-2}$$

式中，F_0表示氟化铝基础加入量（与槽龄、电流和氧化铝分析有关），F 为氟化铝加料量，k_t 为温度修正系数，k_c 为浓度修正系数，T 为温度摄氏度。第 2 项和第 3 项用来适于测量的电解质温度和电解质成分分析。在 2000 年，模型引入一个新的设定电压计算（V）：

$$\Delta V = k_t \times (T_{目标} - T_{测量}) + k_h \times (H_{目标} - H_{计算}) + k_n \times H_n \tag{7-3}$$

式中　$T_{测量}$——测量的电解质温度；
$T_{目标}$——预定的电解质温度；
k_h——过热度修正系数；
$H_{目标}$——目标过热度；
$H_{计算}$——计算过热度；
H_n——n 日内过热度平均值；
k_n——n 日内过热度修正系数。

式（7-3）中的第 1 项和第 2 项是电解槽进入过程控制的基础。第 3 项与过热度变化的趋势相适应。设定电压以避免超出或低于控制范围，它是将过热度的测量引入到方案中所带来的[180]。预测或计算过热度的不准确性是制约该方案成功的障碍。式（7-2）重新整理为式（7-4）。其中第 2 项被引入以考虑物料平衡的变化。然而，电压是用来修正能量平衡，同时又需要建立一个新的物料平衡。由于这个原因，第 3 项为补偿式。

$$F = F_0 + k_1 \times (T_a - T_t) + k \times (V_{48h} - V_t) \tag{7-4}$$

$$F_0 = k_a - k_b \times \exp(\tau) \tag{7-5}$$

$$k_a = I \times \eta \times (34.3 \times w(Na_2O) + 19 \times w(CaO) + 0.49 \times w(Na_2O) \times w(AlF_3))/12408 \tag{7-6}$$

式中　k_1——电解质温度修正系数；
T_a——平均电解质温度，℃；
T_t——目标电解质温度，℃；
k——设定电压修正系数；

V_{48h}——最近 48h 设定电压，V；

V_t——目标设定电压，V；

k_b——槽龄修正系数，槽龄相关的参数 τ；

η——电流效应，%。

式（7-5）和式（7-6）介绍了 F_0 项的结构。表 7-1 表示了额外的氟化铝加入量标准规则。

表 7-1　AlF_3 加入量标准

Table 7-1　Criteria for AlF_3 addition

编码	标　准	
A	$T_{小} \leqslant T_{误} \leqslant T_{大}$	当误差温度小于等于最大值，大于等于最小值时
B	$T_{电解质} > T_{标准}$	电解质温度大于标准值时
C	$\tau_{实际槽龄} > \tau_{小}$	当槽龄大于最小槽龄时
D	$F_{小} \leqslant F \leqslant F_{大}$	添加量在最大值与最小值区间时
E	$8F_0 + F_{小} \leqslant F_{6天} + 2F \leqslant 8F_0 + F_{大}$	最近 6 天加入量与 2 倍加入量之和在 8 倍基础量与最小量值和 8 倍基础量与最大量之间
F	F（Na_2CO_3）；if $T_a < T_c$ and $F_{2天} = F_{小}$	如果平均温度小于正常温度并且最近两天加入 AlF_3 量最小，则加入 Na_2CO_3

原则上，氟化铝的需求量与槽龄、使用的阴极块类型、电流、气体收集率和氧化铝质量有关。调整氟化铝加入量应该被用于补偿电解质成分的变化。每台槽每天有一个氟化铝加入量的最小值和最大值被引入到模型，近 8h 内的加入量也被考虑。纯碱只有当平均初晶温度下跌低于一个关键数值时加入，氟化铝的加入量在前两天里已经达到最小值，即零加入量。

使用贺利氏电测骑士（Heraeus Electro-Nite）公司生产的消耗型过热度传感器，可以很容易测量出过热度。当前过程控制模型的基本体系是维持电解槽处在它的能量平衡窗口，主要的控制机理是电压的调整。氟化铝的加入量、槽电压变化和其他干扰因素对热量与物料平衡的影响很大[177,181]。根据这些测量，设定每一个模型里的常数，式（7-3）被重新整理成式（7-7），其他补充规则见表 7-2 所示：

$$\Delta V = k_t \times (T_{目标} - T_{误}) + k_h \times (H_{目标} - H_{误}) + k_n \times H_n \tag{7-7}$$

表 7-2 电压设定的标准

Table 7-2 Criteria and principle for voltage setting

编号	标准
1	$T = T_{测量} + k_s \times (V'_{48h} - V_{48} - k_t)$，$V'_{48h}$为实际的电压，$V_{48}$为设定电压
2	$T_{误差} = T \pm \Delta T$
3	$H_{误差} = H \pm \Delta H$
4	$H_{最小值} \leqslant H_{误差} \leqslant H_{最大值}$
5	$T_{误差} > 0$，并且 $T_{2天前误差} > k_{临时}$，否则 $\Delta V = \Delta V_{临时}$
6	$V_{噪声电压} < k_{噪声}$，否则 $\Delta V = V_{噪声电压}$
7	$\Delta V < 0$；当 k_s（炉底沉淀引起电压波动系数）>0 或 $T_{误} < k_{临时}$ 不成立
8	$V_{最小改变量} \leqslant \Delta V \leqslant V_{最大改变量}$
9	$k_{v7天前} \times V_{最小改变量} \leqslant V_{5天前} + \Delta V \leqslant k_{V7天前} \times V_{最大改变量}$
10	$V_{最小值} \leqslant V + \Delta V \leqslant V_{最大值}$

在式 7-7 里，一个修正的温度被引进到设定电压 V 计算里。第 1 项修正是用来补偿额外增加的电压，它是由于波动、换极作业、出铝、阳极效应或修正任何一种异常情况造成的。一个界限值也被引入来补偿平均槽电压与设定槽电压之间的差别。一方面，电解槽的运行应在足够的过热度下保证氧化铝的溶解性，避免炉底沉淀结壳。控制好过热度，容易形成稳定的炉帮，就可以使得波动和热平衡的不平稳性降到最小。另一方面，过热度不应该太大，以防止炉帮熔化，不能保护电解槽侧部材料[182]。

7.3 过热度与炉帮的关系

7.3.1 电解槽能量的变化

文献［183］报道了电解槽操作过程中的热量需求和变化，如表 7-3、表 7-4 所示，并获知所对应的平衡反应的能量变化：改变侧部炉帮厚度，每厘米为 30 ~ 50kW · h；炉底沉淀，每千克 Al_2O_3 为 0.5kW · h；阳极冷凝物，每吨炭 85kW · h；电解质过热度，每摄氏度为 6 ~ 10kW · h。引起电解质温度变化的因素包括：槽电压的变化；能量输入的变化；电解操作的变化；阳极效应；电解质成分的变化；氧化铝含量的变化/槽电阻的跟踪；系列电流的变化；阳极长包；保温层的变化。下料系统的问题、额外电压、阳极效应、电压摆、阳极长包等变化时，过热度的变化比电解质温度的变化快得多。游离氟化铝添加量与金属铝溶解度的关系如图 7-4 所示。

表 7-3 电解槽操作过程中一些瞬时的热量需求

Table 7-3 Instantaneous heat requirement during the course of electrolysis

作业行为	物料及操作	所需能量/kW · h	所需时间（热效应）
预热	1. 9t 的 Al_2O_3	580	100kA，13h
溶解	1. 9t 的 Al_2O_3	580	100kA，13h
换极	1. 0t 的阳极	230	>8h
换极	0. 2t 的阳极	80	<1h
下料	20kg 的 AlF_3	4	1~24h
其他行为	一个阳极效应	-100~300	1. 5min
抬升电压	0. 2V 抬升 1h	-20~60	1h
出铝	出 1t 铝	400	5min
加保温料	加 0. 3t 电解质保温料	68	5min

表 7-4 电解槽中有可能的瞬时热量反应

Table 7-4 Potential instantaneous quantity of heat react in the cell

行　为	变量	150kA 电解槽/kW · h	300kA 电解槽/kW · h
改变电解质温度	20℃	~30	~55
改变铝水温度	20℃	~35	~65
改变阳极底部温度	20℃	~45	~80
产生 1t 的炉底沉淀		~150	~150
溶解 1t 的炉底沉淀		~150	~150
熔化 1t 的侧部炉帮		180	180
增加氧化铝含量	2. 0%	45	80

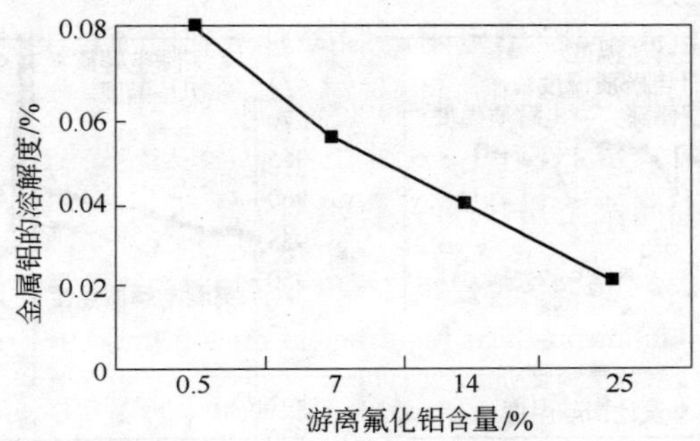

图 7-4 高游离氟化铝含量与金属铝的溶解度的关系

Fig. 7-4 Relationship between the free dissociation AlF_3 concentration and dissolution of aluminum metal

7.3.2 过热度及炉帮的变化关系

由于能量平衡是连续变化的，所以过热度和炉帮厚度也在变化之中。从图 7-5 可以看出，氧化铝加料效果对过热度和槽温的影响有一定的规律。在加料区域里电解质温度的下降约为 5℃。初晶温度受加料的影响（降低小于 1℃）较小；因此，电解质温度的下降是由过热度的减小传递的。加料的影响是局部的，在加料区域里的电解质温度在下一个加料期前恢复，事实上比加料周期的一半还要短。由于加料而影响过热度的下降，在整个过程中有 5℃的变化。由于受电解质成分变化的影响，初晶温度发生变化[184]。

阳极效应对过热度和槽温的影响较大。在阳极效应前电解质温度和过热度上升了 5℃，3min 的阳极效应使电解质温度上升约 20℃，预计过热度会有相应的上升[185]。电解质温度恢复较快，25min 时间达到了效应前的水平。AE 对过热度的影响非常有趣。在 AE 后的 10min 里，由于初晶温度的降低，过热度仍然上升。超过这个时间，由于炉帮连续熔化和氧化铝损耗的双重作用，过热度下降到效应发生前的水平。

加料和阳极效应引起能量不平衡，过热度发生变化，但电解质成

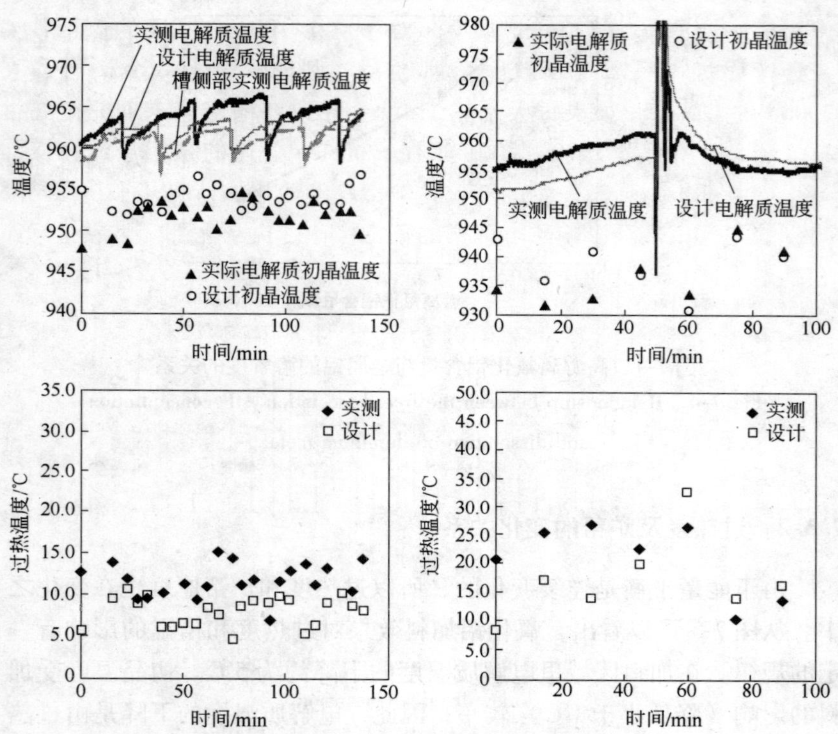

图 7-5　氧化铝加料与阳极效应对电解过程的影响

Fig. 7-5　Process variation associated with alumina feeding and anode effect

分的变化对初晶温度的影响也较大。换极对温度影响较大[186,187]，接近换极区域的电解质温度有约 10℃的变化，其他阳极区域温度有 5℃的变化，恢复时间在 10h 后。在换极附近的温度换极作业后的 5 ~ 7h 内最大下降了 20℃[186]。侧部热流量下降了约 4%（换极作业后 10 ~ 14h），根据模型在 10 ~ 12h 后过热度下降了 0.6℃，炉帮增加了 2mm[187]。关于出铝的影响还没有任何测量数据报道。然而可以预测，使用电解槽动态模型[188]，出铝后过热度有约 3℃的增加。

7.3.2.1　能量平衡对槽寿命的影响

如果炉帮完全熔化，那么侧部会暴露出来，遭受熔融电解质和金属的腐蚀。腐蚀初期的速度取决于材料的类型。如早期设计的侧部的电解槽腐蚀速度为1.3mm/d[189]，对于一个100mm厚度的侧部，如果连续腐蚀，只需77d就完全腐蚀掉。例如，对于一个槽寿命在2000d的电解槽，如果每天暴露1h就会导致在槽寿命末期完全腐蚀掉。图7-6所示了1999~2001年在Comalco公司的某铝厂，在操作过程中侧部炉帮形态发生的变化。炉帮厚度变化的情况几乎是在早期出现的两倍，甚至影响了电解槽的正常操作。由于侧部经常发生暴露在高温液体中，腐蚀速度很快。

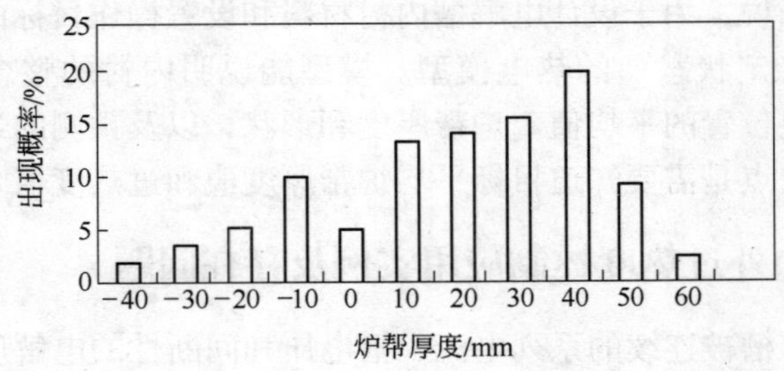

图7-6 炉帮经常熔化导致侧部的腐蚀

Fig. 7-6 Dissolution of ledge in the melt making the sidewall bricks corrosion

（该图的意思为某一炉帮厚度出现的概率，如10mm厚炉帮出现概率约为13.5%）

7.3.2.2 参数设计和操作对炉帮和过热度的作用

电解槽过热度由以下因素的综合作用所决定：材料的热阻（R_B），内衬材料设计，阳极设计和保温料高度及成分；从电解质和金属传到炉帮热量的热阻（R_1），电解质和金属到炉帮的传热系数，电解质和铝水平；从电解槽内损失的总热量、电压、电流和电流效率。

炉帮的厚度由以下因素的综合作用所决定：炉帮损失的热量（Q_A），过热度，电解质到炉帮的热阻（R_1）；内衬的热阻（R_w）由内衬设计决定。

过热度和炉帮厚度的平均值由以下因素的综合作用所决定：作用

于整个热损失的目标或平均操作参数，如槽电压和电流；作用于热阻的目标或平均操作参数，如铝液水平、电解质水平、保温层厚度和类型；槽内衬材料设计和操作参数改变。在操作参数设计和修正的过程中需要考虑变化的条件，变化的条件与炉帮厚度和过热度的平均值相一致。为保持过热度和炉帮厚度要有一个可以接受水平的下降值或上升值。比如，炉帮厚度平均有 ±50mm 的变化，以确保侧部始终有炉帮覆盖保护。

7.3.2.3　设计和操作的模型工具

一般来说，用于设计电解槽内衬材料和设置操作目标的模型工具已经是“稳定状态”的热电模型。模型能说明内衬的整个复杂性和内衬等温线位置的平均值、炉帮厚度和形状，以及预测的过热度。稳定状态的缺点是需要知道目标平均炉帮厚度值和过热度值[184]。

7.4　国内外过热度控制应用实例及存在问题

铝电解槽被连续的系列电流、槽电压和间断性的电解质温度测量和取样分析控制着过程生产。不太常规的测量是进行阴极电压降和取样来分析金属层。对槽电阻的连续跟踪已被证明对氧化铝下料间隔的控制是成功的，且能够获得较高的电流效率。槽电阻的跟踪提供了槽内电解质、氧化铝含量的预测目标，使得槽电压调整得到控制[190]。大多数冶炼厂使用多次测量的热电偶（K 型）或一次性热电偶（S 型）每 1～2 天测量电解质温度[191,192]。另外，每 2～4 天取样分析来控制电解质的化学成分。添加剂（如 AlF_3或有时加入 Na_2CO_3）的加入，取决于一个目标成分或理论上的初晶温度值（T_1）。为了确定主要成分、游离 AlF_3和 CaF_2含量，许多冶炼厂投资购置了半自动化的取样制备分析仪 XRD（X-Ray Diffraction，X 射线衍射分析）分析设备，由此认为可以获得准确的分析。然而取样分析不准确性的主要原因是电解质中取样的技术，而非分析手段。如取样器是冷的，而取样匙子是热的，试样的冷却速度较慢，冰晶石样品的物理结构改变了，这样在 XRD 分析中差异是较大的[193]。另外，目前电解质试样分析的另一个问题是时间的滞后性，在取样、试样分析和最后进入计算机有 6～10h 的滞后。取样和计算机计算化学添加剂时的滞后性拖延了对电解槽控制的最佳时间。

一些冶炼厂从化学成分和测量的电解质温度来计算过热度，使用了一个理论的初晶温度方程式计算初晶温度[194~197]。除此之外，取样误差不能分析出所有的成分而不能考虑到方程式里致使得不到准确的初晶温度数据。测量电解质温度数据和取样分析影响过热度计算的误差[193]。由于存在着上述这些误差，一些冶炼厂偶尔会得到负的过热度数据也就不足为奇了[198]。

在 Trimet 冶炼厂，使用贺利氏电测骑士（Heraeus Electro-Nite）的消耗型“过热度”传感器进行了电解质温度（T_b）和初晶温度（T_l）的测量[199~202]。这种类型传感器的使用取代了传统的电解质温度测量技术。另外一种消耗型传感器是将温度测量和阴极压降测量相结合，其目的是用来监控炉底沉淀的生成情况[203]。

热量平衡和物料平衡的变化会影响电解槽的稳定性。在这些众多参数中，热平衡主要受输入到电解槽里能量的影响，热平衡的改变会影响侧部炉帮的稳定性（如图 7-7 所示）。化学添加剂影响物料平衡，物料平衡的变化也会影响到侧部炉帮的稳定性（如图 7-8 所示）。因侧部炉帮的熔化和冷凝的动态变化所影响，热平衡和物料平衡本质上

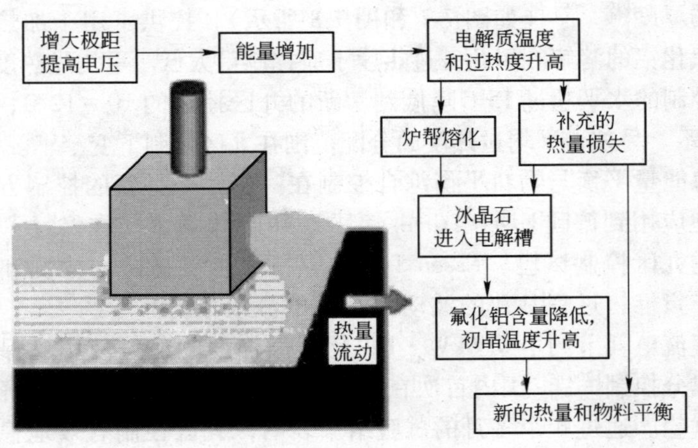

图 7-7 增加能量输入引起电解槽的热不平衡

Fig. 7-7 Imbalance of cell thermal caused by increased energy input

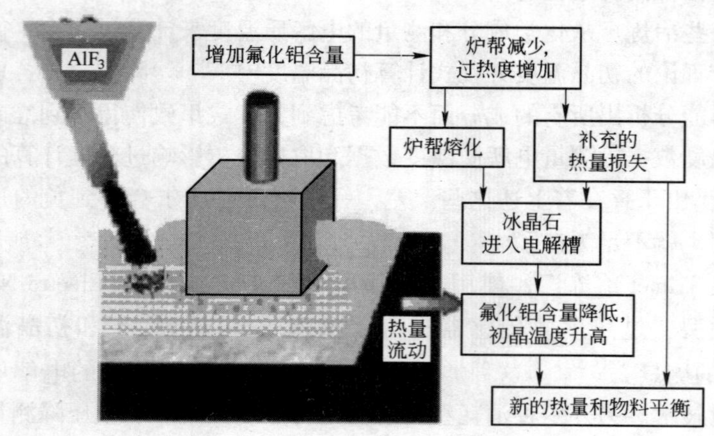

图 7-8　增加氟化铝含量引起的电解槽热不平衡

Fig. 7-8　Imbalance of cell thermal caused by AlF_3 addition

是相互联系、相互影响的[170, 172, 204]，两者都会对电解槽的稳定性起到很大的作用。初晶温度（电解质的熔化点）由电解质成分所决定。过热度（ΔT）是电解质温度和初晶温度的差值。过热度控制了侧部炉帮的厚度[199, 205]（如图 7-7 和图 7-8 所示），提供了用于加热的热量和氧化铝的溶解。因此，过热度不应控制得太低。平均过热度是从以前控制的水平超过 15℃ 降低到用新的九区控制的 10 ~ 12℃，如图 7-9 所示。另外，平均过热度的分配范围在九区控制下变窄了。

将能量平衡与物料平衡综合控制在一起，一种新的控制方案被成功地应用到德国 Essen Trimet 铝厂的 40 台电解槽。在经过了约 12 个月的九区控制试验，Essen Trimet 铝厂获得更稳定的槽况和更高的生产指标；过程参数的波动减小；电流效率提高了约 1%；每公斤铝直流电耗节约了 0. 6kW · h；化学添加剂的最佳使用确保了稳定的成分控制[206]。国内首次在河南神火铝电公司 200kA 电解槽上进行试验。通过 6 个多月的试验结果表明，九区控制有效地稳定了电解生产，降低了温度波动，电流效率提高了 1. 04%，吨铝直流电耗降低了 174kW · h[207]。

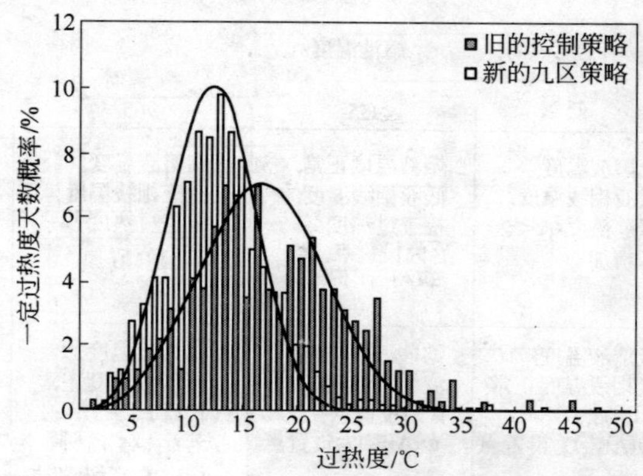

图 7-9　40 台槽 7 ~ 8 月旧的控制与 11 ~ 12 月新的九区控制策略的过热度出现概率分布

Fig. 7-9　Superheat at distribution for 40 pots in the test Section for 2 months；July-August 02-old control strategy and November-December 02-new 9 box strategy

7.5　过热度控制实践

通过和上海贺利氏电测骑士进行技术合作，共同开发了一种完善的电解槽控制程序。这个控制程序是基于对电解质温度、液相线温度、过热度和阴极压降的常规测量，并将测量结果应用到更准确的九区控制模型中。图 7-10 示出以九区控制模型为基础的控制程序，并随着试验的进行进一步修正。

阴极压降的测量可用作槽底沉淀物和底部结晶形成的早期报警系统。如果电解操作是在较高的氟化铝含量水平下进行的，那么槽底沉淀极有可能产生。每 4 天一次的测量频率通常会满足要求。在实施这个模型之前，需要确定氧化铝下料、阳极作业、出铝、电压调整和氟化铝加入量对电解槽电解质温度、液相线温度和过热度的影响[208]。首先确定电解质温度、液相线温度和过热度是如何被控制的。主要的控制工具是通过对阳/阴极距离（ACD）的调整（即调整电压）来调整电解质温度在指定的控制范围内。液相线的移动可通过结壳的动态

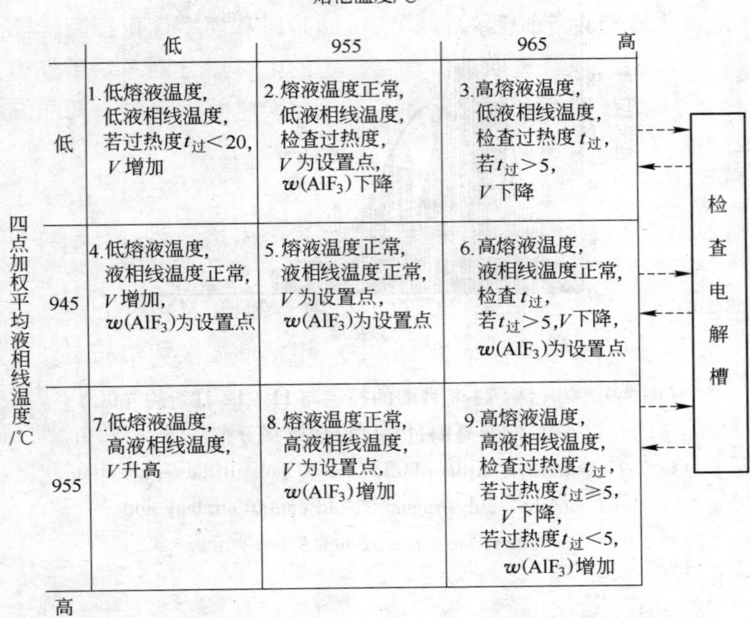

图 7-10　九区控制模型

Fig. 7-10　9-box control pattern

$t_{过}$—过热度；V—槽电压

变化来预测。如果电解质温度与目标温度偏差越大，电压调整就越大。次要的控制工具是根据液相线温度加权移动平均值变化到控制范围以外来调整氟化铝的加入量，这时因电解质温度和过热度的限制不可能调整槽电压。先选择一个目标的电解质温度并且设定控制限度在这个目标范围内，还要选择一个目标的液相线温度加权平均值（基于4 点测量）并且设定控制限度在这个目标范围内。使用液相线温度加权平均值而不是使用实际的液相线温度，因此化学添加剂是根据电解槽的变化趋势而不是实际的测量。这样就避免了化学添加剂短期内大的波动对电解槽的过度反应而导致的超过目标控制限度和破坏电解槽稳定性的后果。

7.5.1　阶段响应试验方法

试验主要分两个阶段，即响应试验阶段和模型优化控制阶段。在九区控制应用之前，选取部分相对稳定的电解槽分别考察了下料、换极、出铝、电压改变和氟化铝加入量变化对电解质温度、初晶温度和过热度的影响。

7.5.1.1　下料的影响

选取两台电解槽，跟踪其中 1 个完整的下料周期，每 10min 测量一次电解质温度、初晶温度和过热度（以下简称三度）。三度随下料周期的变化如图 7-11 所示（以 221 号槽为例）。从图 7-11 可以看出，由于冷料的加入和电解质成分的变化，电解质温度和初晶温度随下料方式的不同都出现了规律性的变化。表 7-5 示出了在 1 个下料周期内的试验结果，可以看出，电解质温度的变化小于 5℃，初晶温度的变化小于 6℃，过热度的变化小于 3℃。从数据可以看出，在九区控制时，测量时间可以在下料周期内的任一时间段内进行。

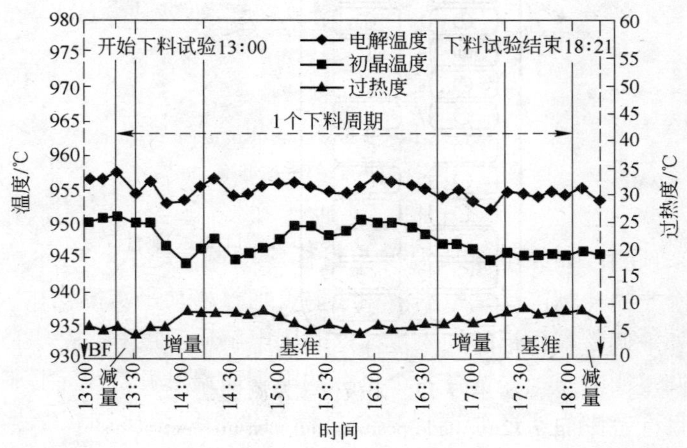

图 7-11　下料对三度的反应
（槽 221 下料跟踪）

Fig. 7-11　Effects of materials feeding on the temperature, superheat temperature and liquids temperature

表 7-5 下料对三度的影响分析（221 号槽三度在一个下料周期内的波动情况）

Table 7-5 Feeding effect to the temperature, superheat temperature and liquids temperature

项 目	最小值	最大值	差 值
电解温度/℃	951.8	957.7	5.9
初晶温度/℃	944.0	951.3	7.3
过热度/℃	4.4	9.4	5.0

7.5.1.2 换极的影响

换极对三度的影响，分别考察其更换离测量点最近的两台槽（如 A1 或 B1）的阳极和考察其更换离测量点最远的两台槽（如 A14 或 B14）的阳极，如图 7-12 所示。

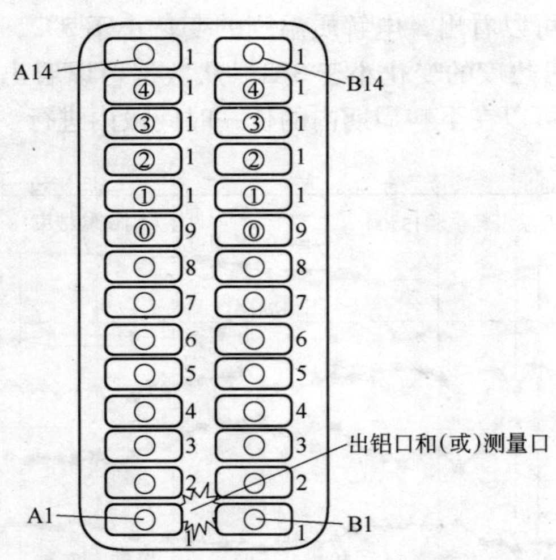

图 7-12 阳极位置及测量点

Fig. 7-12 Anode position and measurement points

图 7-13 表明了 225 号槽换极远点（即 A10）对三度的影响。可以看出，换极远点时，三度的恢复在 10h 以上。

图 7-14 表示了 224 号电解槽换极近点（即 B2）对三度的影响。可以看出，换极近点时，三度的恢复在 13h 以上。

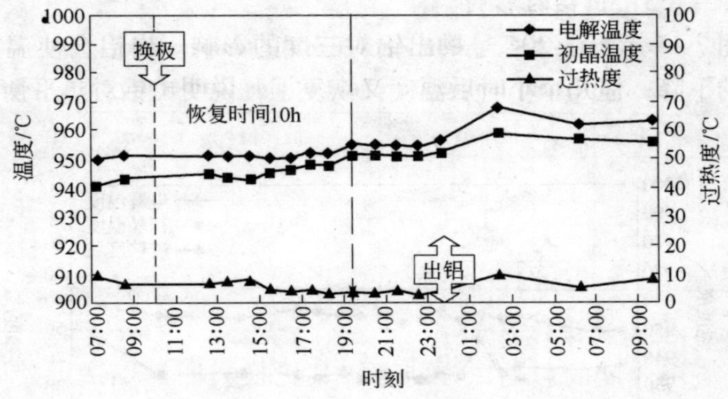

图 7-13 换极远点对三度的影响
（225 号电解槽换极远点 A10）

Fig. 7-13 Far position of anode exchange effect to the temperature, superheat temperature and liquidus temperature

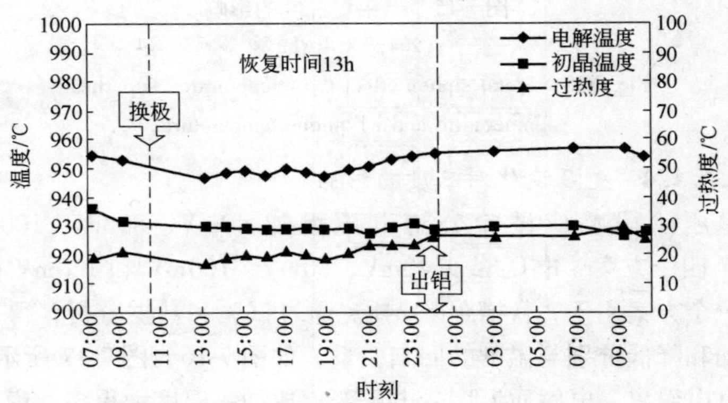

图 7-14 换极近点对三度的影响
（224 号电解槽换极前点 B2）

Fig. 7-14 Near position of anode exchange effect to the temperature, superheat temperature and liquidus temperature

以上换极试验说明了换极对热平衡影响较大，恢复热平衡要在换极后 13h 以上。因此，在九区控制试验中，测量时间应在换极后至少 12h。

7.5.1.3　出铝的影响

图 7-15 示出了 204 号槽出铝对三度的影响。出铝会使温度有小幅度的下降，但几个小时后温度又恢复了，说明出铝对热平衡影响不大。

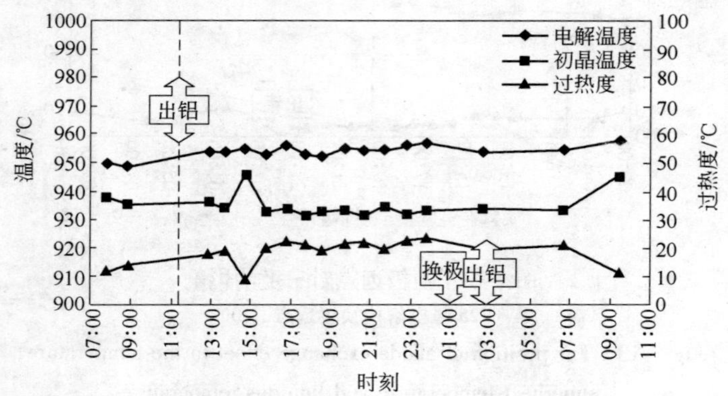

图 7-15　出铝对三度的影响

（204 号槽出铝）

Fig. 7-15　Metal siphon effect the temperature, superheat temperature and l liquidus temperature

7.5.1.4　电压变化对三度的影响

电压阶段响应试验分为电压增加 40mV、80mV、100mV 和 150mV 四个方案，电压降低 40mV、80mV、100mV 和 120mV 四个方案。每个方案用于 2 台槽跟踪 24h。通过试验和数据分析，得出了电压增加和降低分别与温度的回归关系，如图 7-16、图 7-17 所示。

可以看出，电解质温度受电压变化比初晶温度大得多，说明初晶温度的变化更接近于槽帮的熔化或冷凝的动态变化。

7.5.1.5　氟化铝加入量对三度的影响

氟化铝加入量试验用 4 周的时间进行，用 8 台电解槽，每个试验方案用 2 台槽。第 1 周做标准加入量（标准加入量为近 90 日的平均值）试验；第 2 周分别用 2 台槽做 0.5、1.5、2 倍和标准加入量的试验；第 3 周和第 4 周则将氟化铝加入量恢复到标准值进行试验。在 4 周的时间里每天对 8 台电解槽测量一次，来监控氟化铝加入量对三度

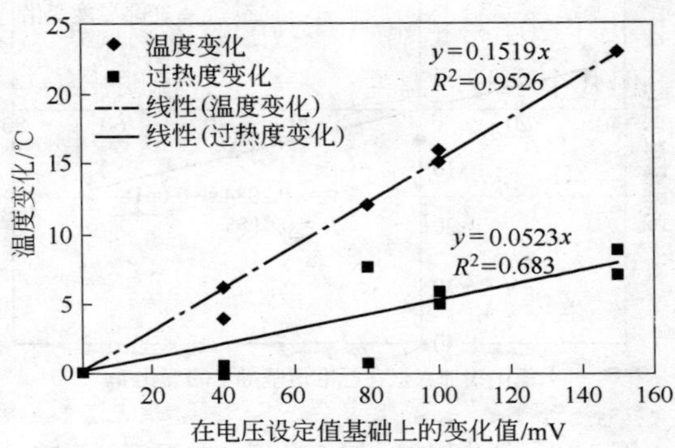

图 7-16 电压增加的回归曲线

Fig. 7-16 Temperature VS increasing voltage

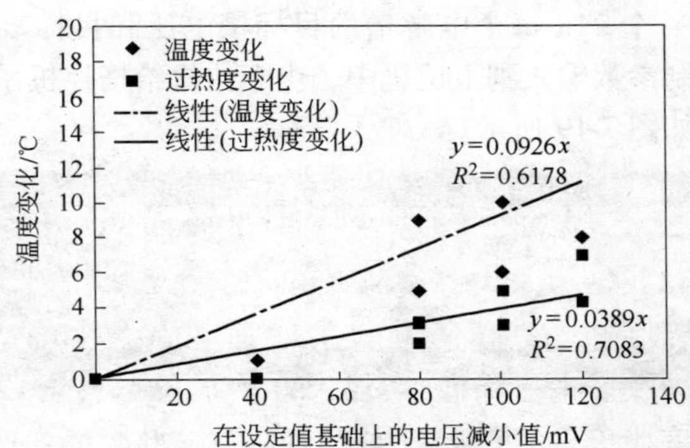

图 7-17 电压减小的回归曲线

Fig. 7-17 Temperature VS decreasing voltage

的影响。

通过跟踪试验和数据分析，得出如图 7-18 所示的回归曲线。

7.5.2 模型优化及控制试验

伊川第二铝厂将电解二车间的 2 工段 219 ~ 224 号共 6 台电解槽作为九区控制的试验槽。该阶段试验时间从 2006 年 3 月 6 日开始，计划进行 3 个月。

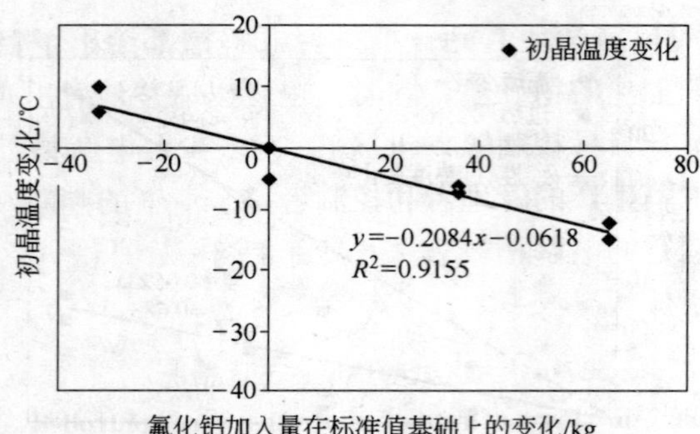

图 7-18　氟化铝加入量变化对初晶温度的影响

Fig. 7-18　AlF_3 concentration effect of the liquidus temperature

测量出的数据立刻下载到计算机中，并调入到九区控制程序，运行后得到下一个 24h 每个电解槽的目标槽电压和目标氟化铝的添加量，将该控制参数输入到上位机中，由上位机给槽控机系统发出指令控制电解，如图 7-19 所示。

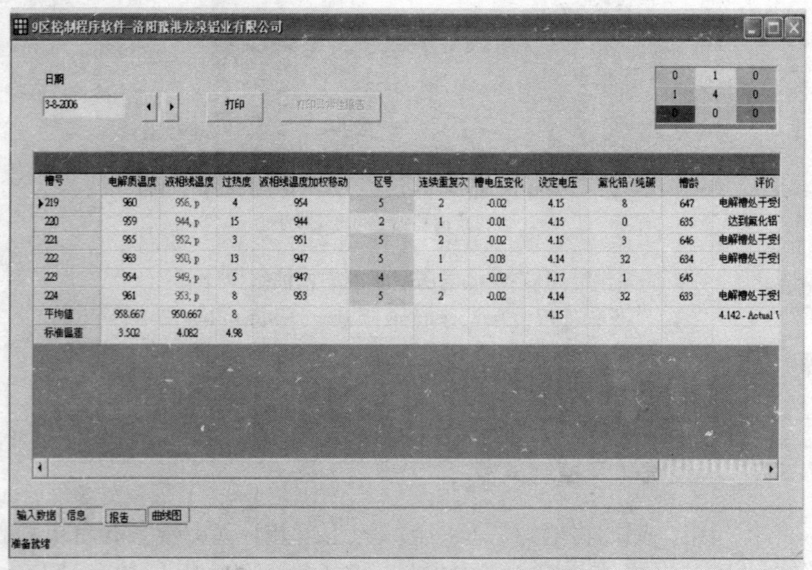

槽号	电解质温度	液相线温度	过热度	液相线温度加权移动	区号	连续重复次	槽电压变化	设定电压	氟化铝 / 纯碱	槽龄	评价
219	960	956, p	4	954	5	2	-0.02	4.15	8	647	电解槽处于受
220	959	944, p	15	944	2	1	-0.01	4.15	0	635	达到氟化铝
221	955	952, p	3	951	5	2	-0.02	4.15	3	646	电解槽处于受
222	963	950, p	13	947	5	1	-0.08	4.14	32	634	电解槽处于受
223	954	949, p	5	947	4	1	-0.02	4.17	1	645	
224	961	953, p	8	953	5	2	-0.02	4.14	32	633	电解槽处于受
平均值	958.667	950.667	8					4.15			4.142 - Actual V
标准偏差	3.502	4.082	4.98								

图 7-19　九区控制每日报表

Fig. 7-19　Daily report of 9-box control

从图7-19可以清楚地看到，每一台电解槽都给出了目标槽电压和目标氟化铝添加量的精确值，同时，也可以清楚地看出当天有多少台电解槽处于最佳目标控制区（五区），有多少台电解槽处于高或低温区，这样给电解生产的管理者和控制者一个清晰的判断，应该如何去现场处理有问题的电解槽。表7-6所示是3~7月份九区试验槽所占五区情况及指标状况。

表7-6　九区试验槽所占五区情况

Table 7-6　Percent rate of pilot cells were controlled into 5-box of 9 box control system

指　标	3月	4月	5月	6月	7月	平均
比率/%	48	48.39	55	57.53	70.24	55.83
电流效率/%	93.16	94.13	94.13	94.44	95.15	94.47
吨铝直流电耗/kW·h	13233	13160	13188	13095	13013	13123

7.5.3　试验结果

试验结果分为电解槽的稳定性和技术指标分析两个方面。

7.5.3.1　电解槽的稳定性

试验槽平均电解质温度为954.5~966.5℃，标准偏差为2.4~7.1℃；初晶温度为949~962℃，标准偏差为2~10℃，完全处于设定范围。

对比槽平均电解质温度为955~972℃，标准偏差为4~13.7℃，初晶温度为950~965℃；标准偏差为5~13.6℃。

可以看出，九区控制有效地降低了电解质温度的波动范围，提高了电解槽运行的稳定性。

7.5.3.2　技术指标分析

从图7-20、图7-21可以看出，实验槽电解质温度和液相线温度变化曲线比较有规则，基本上控制在设定范围内，过热度比较恒定，说明实验槽槽况运行比较稳定。

从图7-21可以看出，炉底压降变化很小，实验前炉底压降为346mV，8月11日为355mV（加完抬包皮后测量），上涨了9mV。而

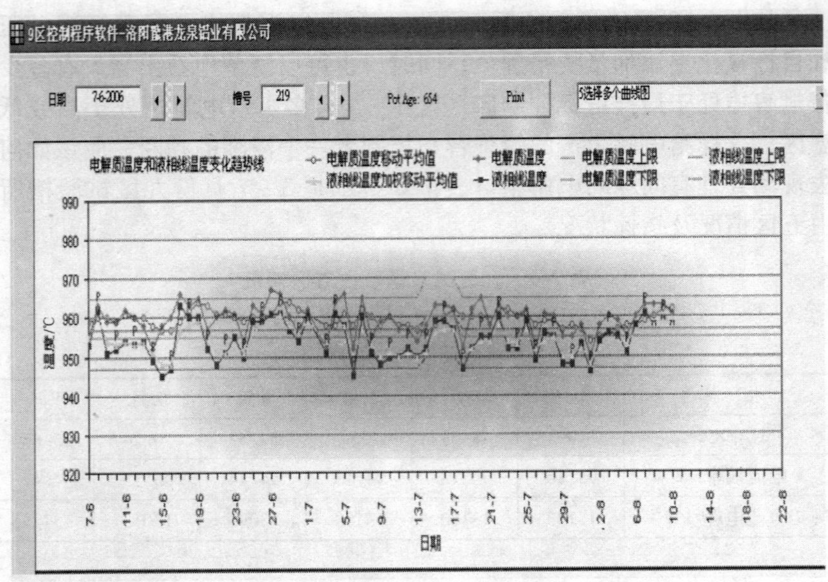

图 7-20　219 号电解槽电解质温度和液相线温度变化趋势曲线

Fig. 7-20　Electrolyte temperature and liquids temperature of the cell No. 219

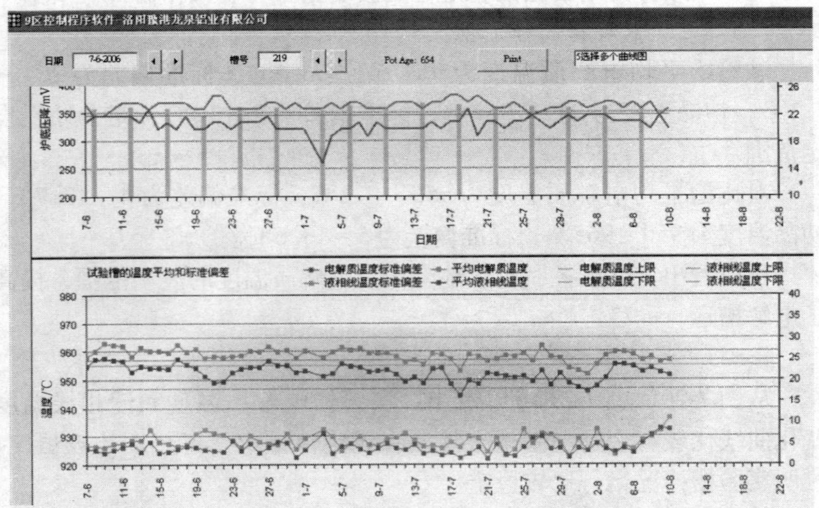

图 7-21　219 号电解槽炉底压降、温度和标准偏差图

Fig. 7-21　Voltage drop, temperature and standard deviation of the cell No. 219

同一时期非实验槽才增加了20mV。从图7-22可以看出，氟化铝控制比较平稳，证明分子比较稳定；平均电解质温度和平均液相线温度都在预定范围之内，电解质温度标准偏差和液相线温度标准偏差也在预定范围之内，基本呈平行线运行，说明过热度变化不大，处于稳定状态，平均保持在5~6℃。

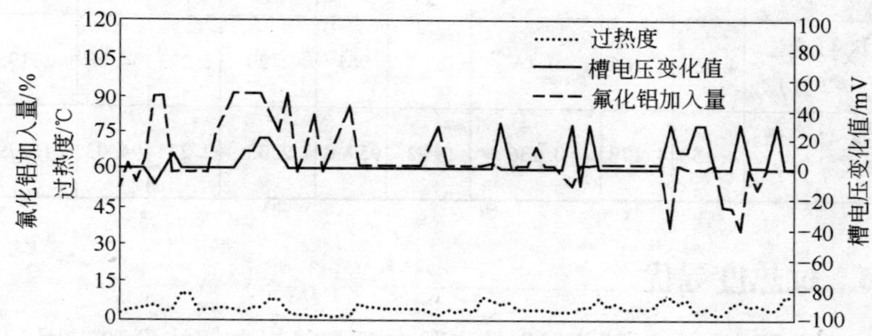

图7-22 219号槽氟化铝加入量和槽电压以及过热度变化曲线图

Fig. 7-22 Relationship between alumina concentration and voltage, superheat temperature

表7-7示出5个月的各项生产指标的情况。其中，1~2月份没有采用九区控制的指标为试验前，3~7月份累计指标为试验后。从5个月的平均吨铝直流电耗来看，对比槽比试验槽下降了184kW·h，电流效率提高了1.2%。说明九区控制节电效果明显。试验槽和同期整个工区43台槽进行对比，电流效率提高0.44%，吨铝直流电耗下降156kW·h。

表7-7 伊川第二铝厂九区控制试验数据统计表

Table 7-7 Tests data from 9-box control system in the second Yichuan Aluminum Smelter

电解槽	工作电压/V	平均电压/V	效应次数/次·(槽·日)$^{-1}$	总波动时间/min	平均槽温/℃	分子比	单槽出铝/kg	电流效率/%	吨铝直流电耗/kW·h
6台槽试验前（1~2月）	4.151	4.162	0.141	0.125	961	2.28	2.252	93.2	13307

续表 7-7

电解槽	工作电压/V	平均电压/V	效应次数/次·（槽·日）$^{-1}$	总波动时间/min	平均槽温/℃	分子比	单槽出铝/kg	电流效率/%	吨铝直流电耗/kW·h
6 台槽试验后（3～7 月）	4.147	4.16	0.131	0.53	963.51	2.34	2.282	94.47	13123
工区 43 台槽（1～2 月）	4.151	4.166	0.14	0.74	961	2.29	2.273	94.08	13195
工区 43 台槽（3～7 月）	4.158	4.178	0.136	0.92	959.8	2.33	2.274	94.03	13279

7.6　过热度寻优

B. J. Welch 在 2003 年 10 月洛阳中新丹“铝电解技术和应用”研讨会上指出，合适的过热度为 5～15℃[168]。B. J. Welch2005 年 3 月在南非过热度应用技术会议上指出，能量平衡的电解槽是指没有用于瞬时加热或冷凝电解质成分，没有炉帮的熔化或冷凝，一个不变的温度用于不变的冷凝条件，不变的电解槽热量损失（铝水平不变、侧部热量迁移系数不变），这就需要稳定的过热度[209]。另有文献［47，210］报道，目前国外大型预焙槽的过热度一般在 8～10℃。法国彼斯涅 AP50 电解槽的电解质过热度为 9.7℃，电解质初晶温度为 953℃，电解质分子比为 2.15，电流效率为 95.9%；AP35 电解槽电解质分子比为 2.1～2.2，平均电解质初晶温度为 953.7℃，过热度为 7.8℃，电流效率为 96.0%。

文献［76］认为，电解槽保持稳定的化学成分成为重要任务，不再优化调整电压，主要通过调整氟化铝添加量控制好电解槽温度，并使实际分子比与目标分子比相差最小。文献［84］对氧化铝特性进行研究分析指出，氧化铝的质量（包括溶解性能等理化指标）对电解生产操作和工艺过程影响很大。文献［124］通过能量平衡和物料平衡分析研究，认为精确的阳极设置与出铝精度、合理的保温料、较小的电压波动以及降低效应系数和阴极压降，将氧化铝含量和过热度控制在一个合理的范围内，确保稳定的炉帮和炉底无结壳，缩小能量平衡操作区域，这是提高现代电解槽技术、控制降低能量消耗的根本途径。文献［183］认为，电解槽的稳定性和氧化铝的溶解性是最重要的，槽温过低易出现运行困难，炉底沉淀结壳，过量氟化铝宜保持在9%～13%，w（Al_2O_3）为2.4%～3%，w（CaF_2）为4%～5%，电解质温度为958～970℃。表7-8示出10%过量氟化铝的炉帮、炉底结壳、保温料化学成分典型值。图7-23所示是不加锂盐炉底出现结壳时的操作温度范围。

表7-8 10%过量氟化铝的炉帮、炉底结壳、保温料化学成分

Table 7-8 Composition Range of Electrolyte Containing Materials in a cell Operating at 10% excess AlF_3

物质	w/%				新品温度 T_1/℃
	过量氟化铝	CaF_2	Al_2O_3	Na_3AlF_6	
炉帮	0.5～6	3～5	1～3	87～95	980～990
炉底沉淀	1～5	1.6～3.5	35～60	40～60	950～964
覆盖料	6～12	2～4	35～50	30～48	730～950

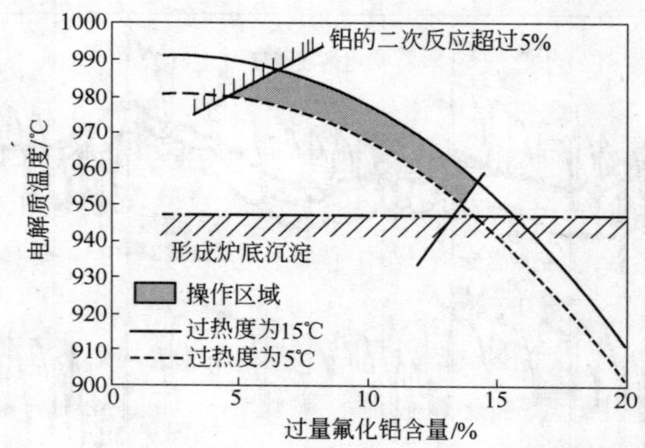

图7-23 不加锂盐炉底出现结壳时的操作温度范围

Fig. 7-23 Operation temperature window of lithium-free electrolytes when sludge is present

氟化铝损失主要和Na_2O、CaO的含量以及水分有关：

$$3Na_2O + 4AlF_3 = 2Na_3AlF_6 + Al_2O_3 \quad (7\text{-}8)$$

$$3CaO + 2AlF_3 = Al_2O_3 + 3CaF_2 \quad (7\text{-}9)$$

$$2AlF_3 + 3H_2O = 6HF + Al_2O_3 \quad (7\text{-}10)$$

文献［98］研究发现，图 7-24、图 7-25 示出有规则地添加氟化铝引起电解质温度波动影响较大，金属铝液温度变化不受其影响，特别在类似增量加料初期电解质温度突然变化时，铝液温度随着加料变

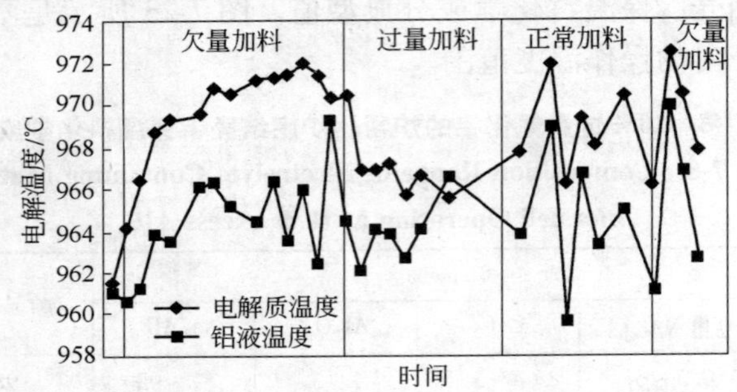

图 7-24 电解质和铝液温度的差异

Fig. 7-24 Temperature difference between electrolyte and aluminum

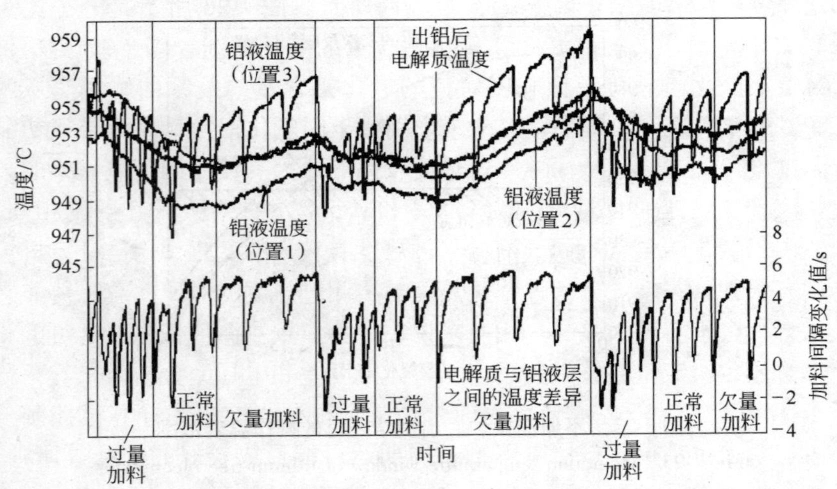

图 7-25 电解质与铝液温度的过程测量

Fig. 7-25 Medium term measurement of electrolyte and aluminum temperature

化升高或降低。电解质和铝液温度随着加料周期变化而不同,在正常加料和欠量加料过程中,保持相对稳定,仅在过量加料期间变化较剧烈。

根据伊川铝厂 300kA 电解槽的生产实践，不能仅以电解质温度作为电解槽的控制，必须以过热度控制电解槽，合理的过热度为 6 ~ 10℃。通过实测电解质温度、初晶温度、过热度，电压升降和欠增量期都有规律性的变化，特别是换极前后电解质温度和初晶温度有明显下降的趋势，而在 12h 左右后温度恢复；出铝后电解质温度明显上升，初晶温度变化不大，过热度略有上升。通过对一系列数据的分析，有两台槽的原铝硅含量不合格，电解质温度分别仅为 960℃、953℃，初晶温度分别为 928℃、930℃，过热度分别为 32℃、23℃。发现其过热度非常不合理，达到 20 ~ 30℃。如此高的过热度，侧部炉帮不可能形成，后经调整电解质成分，使过热度保持在 8 ~ 12℃，一周后原铝质量逐渐恢复提高。

表 7-9 所示为从 86 台电解槽测量结果中选取有代表性的数据进行的分析，其中过热度在 6 ~ 15℃的电解槽占 70%，同时也有部分槽低于 5℃，部分槽高于 20℃，甚至高于 40℃。从数据分析可以看出，过热度较高者是由于氧化铝含量较高所致。图 7-26 所示是分子比为 2.30 的电解质的初晶温度和氧化铝含量的变化曲线；图 7-27 所示是分子比变化与氧化铝饱和度对应的氧化铝含量的关系曲线图。从图 7-26、图 7-27 可以解释表 7-9 中个别槽子因氧化铝含量高而导致初晶温度大幅度下降，从而导致过热度较高的原因。使用国产氧化铝的氟化镁和氟化锂的含量分别为 0.8% 和 0.5% 左右，虽然分子比相同，但由于氧化铝含量不同，槽温与过热度有较大的变化，这与计算机控制有很大的关系。分析计算过热度与实测过热度的对比，总趋势非常吻合，个别有较大差异。相对来说，计算值较实测值偏低，这可能和电解质含炭渣量有较大关系。从熔体密度差和电导率分析值来看，分子比控制在 2.35 左右应该是较合适的。根据当前国内计算机控制与氧化铝质量情况，按照电解槽长周期运行能形成较好的炉帮等原则，作者推荐以下一组技术条件：分子比宜控制在 2.25 ~ 2.35，$w(CaF_2)$ 为 5% ~ 5.5%，槽温为 955 ~ 965℃，初晶温度为 945 ~ 955℃，过热度为 6 ~ 10℃。通过实践证明这些技术条件是可行的。

表7-9 实测过热度与电解质全分析计算过热度的比较(过热度以solheim公式计算)

Table 7-9 Comparison practical measurement of superheat temperature and calculation from element of electrolyte

槽号	含量(质量分数)/%						计算值				实测值		
	氧化铝	氟化钙	氟化镁	氟化锂	碳	分子比	密度差/g·cm^{-3}	电导率/S·cm^{-1}	初晶温度/℃	过热度/℃	电解质温度/℃	初晶温度/℃	过热度/℃
101	5.30	5.54	0.63	0.434	2.42	2.32	0.206	2.116	947.7	13.5	961.2	943.4	17.8
106	5.50	5.33	0.54	0.434	1.17	2.33	0.205	2.117	948.1	13.3	961.4	939.2	22.2
108	3.44	5.73	0.63	0.434	1.97	2.34	0.216	2.23	957	25.4	982.4	953	29.4
114	3.72	5.66	0.79	0.434	1.99	2.30	0.202	2.135	953	−2	951	939.9	11.1
116	3.84	5.37	0.59	0.434	1.83	2.32	0.197	2.132	954.8	−9.5	945.3	938	7.3
118	3.58	5.76	0.42	0.477	1.70	2.29	0.213	2.176	953.3	15	968.3	951.3	17
124	2.48	6.30	0.76	0.521	1.87	2.28	0.207	2.176	956.6	−0.5	956	953.3	2.7
126	3.78	5.84	0.63	0.477	1.93	2.32	0.206	2.167	953.7	8.1	961.8	953.1	8.7
130	4.40	5.74	0.65	0.477	1.32	2.35	0.206	2.17	952.5	14.5	967	934.9	11.4
133	2.64	6.01	0.69	0.477	2.21	2.30	0.205	2.181	957.9	−2	955.9	945.6	10.3
135	2.66	5.70	0.74	0.477	1.46	2.28	0.208	2.176	957	0.2	957.2	941.9	15.3
201	3.90	5.86	0.76	0.477	1.30	2.32	0.212	2.185	952.6	20.5	973.1	958.3	14.8

续表 7-9

槽号	含量(质量分数)/%						计算值				实测值		
	氧化铝	氟化钙	氟化镁	氟化锂	碳	分子比	密度差 /g·cm^{-3}	电导率 /S·cm^{-1}	初晶温度 /℃	过热度 /℃	电解质温度/℃	初晶温度 /℃	过热度 /℃
207	4.50	5.93	0.76	0.477	1.44	2.33	0.205	2.143	950.2	10.9	961.1	953.1	8
211	3.62	6.07	0.70	0.477	1.35	2.35	0.207	2.194	955.4	12.3	967.7	961.2	6.5
213	6.86	5.19	0.68	0.434	0.97	2.33	0.212	2.095	942.4	28.9	972.3	951.8	20.5
214	2.52	5.84	0.81	0.434	1.28	2.35	0.201	2.208	961.5	-4.2	957.3	951.5	5.8
221	7.31	5.02	0.65	0.434	2.37	2.24	0.216	2.03	935.6	28.3	963.9	918.8	45.1
222	5.90	5.68	0.74	0.434	1.93	2.29	0.205	2.072	942.8	13	955.8	943.2	12.6
225	5.08	5.71	0.85	0.477	2.18	2.32	0.203	2.112	947.2	10	957.2	947	10.2
227	6.84	5.31	1.03	0.434	0.87	2.37	0.195	2.06	939.6	8.4	951	934.2	16.8
231	4.20	5.70	0.82	0.477	1.47	2.31	0.204	2.134	950.8	5.2	956	956	0
240	2.22	6.13	1.11	0.477	1.38	2.34	0.202	2.212	960.7	-1.7	959	939.9	19.1
242	3.56	5.79	0.80	0.477	1.29	2.32	0.205	2.169	954.3	6.2	960.5	936.4	24.1

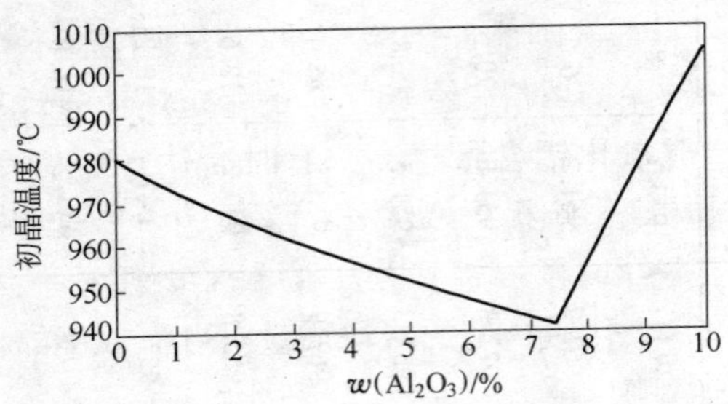

图 7-26　分子比为 2.30 的电解质的初晶温度和氧化铝含量的变化曲线

分子比为 2.3，$w(CaF_2)=5.5\%$；$w(LiF)=5\%$；$w(MgF_2)=0.5\%$

Fig. 7-26　Liquidus temperature and alumina concentration in the melt of CR = 2.3

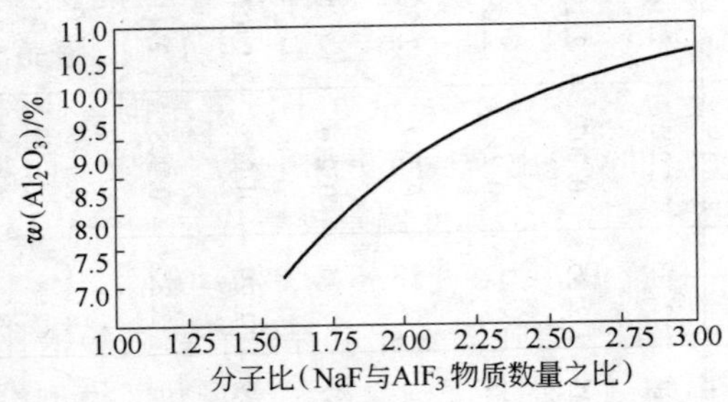

图 7-27　分子比变化与氧化铝饱和度对应的氧化铝含量的关系曲线图

$w(Al_2O_3)=0$；$w(CaF_2)=5.5\%$ $w(LiF)=5\%$；$w(MgF_2)=0.5\%$；$t=1000℃$

Fig. 7-27　Saturation of alumina and its concentration in different CR

通过分析实测过热度与电解质全分析计算过热度的比较（表 7-9），电解质全分析计算过热度和实测过热度存在一定误差，总趋势是基本相符的，个别有较大差异。其原因是分析测定偏差或电解质中含有其他杂质等，因此，直接测试过热度可以随时调整电解槽控制的相关参数，使电解槽保持一个稳定的过热度，确保电解槽平稳运行。

目前，我国 300kA 电解槽的电流效率实际可达到 92% ~94%，与国外的95%～96%差距的原因主要是过热度控制不合理。控制合理的过热度就可以保持炉帮长周期运行的稳定。由于计算机控制不准或下料器不准造成氧化铝含量过高，有时高达6%～8%，如此高的氧化铝含量对过热度影响极大。另外，必须进一步改进操作质量，如换极时间、出铝精度以及出铝和换极的附加电压程序等。稳定的厂家、高质量的砂状氧化铝与好的炭块质量对电流效率的提高同样起着相当大的作用和影响。

7.7 本章小结

（1）通过下料机制、换极过程、出铝过程、电压变化及氟化铝加入量对电解质温度、初晶温度和过热度的影响行为进行研究，提出了以过热度管理理念替代以前以槽温控制的思想来指导生产。当过热度目标控制在6～10℃时，采用九区模型控制的试验槽平均电解质温度为954.5～966.5℃，标准偏差为：2.4～7.1℃；初晶温度为949～962℃，标准偏差为2～10℃，完全处于设定范围。此时炉帮形成完好，炉底无沉淀，可使电解槽运行更加平稳、高效。而对比槽的平均电解质温度为955～972℃，标准偏差较高，为4～13.7℃；初晶温度为950～965℃；标准偏差为5～13.6℃，波动较大。

（2）从5个月的平均吨铝直流电耗来看，试验槽比对比槽下降了184kW·h，电流效率提高了1.2%。说明九区模型控制节电效果明显。试验槽和同期整个工区43台槽进行对比，电流效率提高0.44%，吨铝直流电耗下降156kW·h。

（3）九区模型控制系统在300kA电解槽上运用正常，能及时诊断出电解槽存在的异常情况，并提示现场人员及时排查并处理问题，如在国内推广，将会产生巨大的经济效益和社会效益。

8 专家诊断与综合控制试验

8.1 电解生产数据的多维分析系统

预焙阳极铝电解槽生产是一个复杂、非线性、时变的系统，目前，对其控制方面的研究已较深入。但在生产分析、决策方面的应用研究还较落后。如何利用计算机网络、数据库、控制系统信息等，将工艺人员、工区长、总工等从手工报表中解脱出来，实现实时生产状态分析、决策，在病槽发生时及时分析处理，是当前电解生产亟待解决的问题。

从企业的日常生产管理来说，每天都有许多报表，这些报表以固定的格式反映生产状况。一方面，这些报表可能隐藏着许多重要信息；另一方面，当生产发生变化时，如发现台槽异常、电压增大等,决策者需要迅速分析原因并指导生产,在这种情况下,原有的固定报表就无法实现这些功能,需要对这些数据重新排列,进行多角度的分析[161]。

8.1.1 在线分析处理

在线分析处理（online analytical processing，OLAP）主要是通过多维的方式对数据进行分析、查询和报表，它不同于传统的在线事物处理（online transaction processing，OLTP）。OLTP 主要是用来完成用户的事务处理，如民航订票系统、银行储蓄系统等，通常要进行大量的更新操作，同时对响应时间要求比较高。而 OLAP 主要是对用户当前及历史数据进行分析，辅助领导决策。其典型的应用有对银行信用卡风险的分析与预测、公司市场营销策略的制定等，主要是进行大量的查询操作，对时间的要求不太严格。

目前，各大数据库厂商均有各自的 OLAP 解决方案，如 Microsoft SQL Server 2000 Analysis Services，Oracle 的 Express Server，以及第三方 Cognos 的 PowerPlay 等。

这些 OLAP 解决方案，有些需要建立在数据仓库之上，如 Analysis Servers 和 Express Server，有些则不需要，如 PowerPlay。这些解决方案目前在中国只应用于银行、证券、保险、电信等少数大企业，其投资均在几百上千万元，一般企业难以承受。

8.1.2 铝电解槽生产辅助分析系统

为了实现铝电解槽的日常生产分析决策，实现与控制系统网的无缝相连，我们与合作单位基于浏览器方式，设计了铝电解槽生产辅助分析软件 Dassie 2.0，实现 OLAP 技术。

客户端采用 Windows98 + IE5.0 以上，后台操作系统为 Windows 2000 + IIS，支持多种大型数据库，如 Oracle 8i、SQL Server 2000 等。整个系统分为两部分：

（1）系统定置程序。采用 VB 编程，Client/Server 方式，由系统管理员使用，进行整个系统的初始化、用户管理、车间-工区-槽的划分、班次的定义、维护件名（要分析的因素，测量值）、数据库连接、备份与恢复、日志的管理等。

（2）用户分析系统。采用 IE 浏览器方式，客户端不加装任何程序，只要有浏览器即可，服务器端在 IIS 下建立分析决策网站，采用 ASP 编程，核心的决策分析模块采用 VB 编成 ActiveX 控件。当用户发出分析请求时，服务器端的分析模块启动，进行多维分析，将结果以 ASP 网页的形式传至前端的用户。浏览器端采用 Microsoft 的图表控件 MSChart、MSHFlexGrid，将分析数据以图、表的方式显示给用户。

8.1.3 智能向导

通过数据库连接向导，定义数据库连接名，指定后台数据库服务器名、用户名、密码、数据库、表，以及日期、时间、槽号字段，为下一步定义件名打基础。

通过增加件名向导，选择上一步定义的数据库连接名，指定取值字段，定义一个件名（测量值），就可进行多维分析。

定义数据库连接名的目的是减少在多维分析过程中的数据库连接数目，按铝电解槽控制的常规设计，在一个表中，会同时存放某一台槽的一系列相关指标，如电解质温度、设定电压、工作电压、平均电压、出铝量等，当用户同时选择几个因素进行分析时，只需建立一个连接。

通过智能向导，系统能在生成分析因素时，自动与后台的工业控制网、企业管理网数据库相连。这样，在进行分析过程中，使用的是企业的实时数据。

8.1.4 维的设计

基于铝电解槽生产的特性，设计的维是固定的，如时间维、部门维、班组维等，但每一维的成员是可变的，如班组的划分（一天几个班，每个班的上、下班时间），分几个车间，每个车间分几个工区，每个工区管辖多少台槽等，在不同铝厂的设置是不一样的。

8.1.5 铝电解槽生产辅助分析

铝电解槽生产辅助分析希望能够通过多维角度查看铝电解槽生产数据，从多个角度分析、汇总数据，以各种图（直方图、折线图等）的方式查看，以表（计数、求和、求平均、计算百分比、合并单元、排序等）的方式浏览，并且基于浏览器技术，可与控制系统网无缝相连。具体如下：

（1）可以指定起始日期和结束日期，如2006-01-05至2006-03-08；

（2）可以指定日期单位，如以年、季、月、周、日、时、分、秒为汇总单位；

（3）可以指定汇总单位，如以车间或工区或槽号为汇总单位；

（4）可以指定班次，以指定的班次为汇总单位；

（5）可以指定排序次序，指定分别按日期、班次、车间或工区或槽的先后次序和升/降次序显示；

（6）可以选择要处理的件（因素），从所有可考虑的因素中选择若干个，如出铝量、效应电压、效应持续时间等；

（7）每个件可以是数值型的，也可以是符号型的；

（8）可以指定处理件的方式，如求和、计数、求平均值。若为符号，则只能计数。

图8-1～图8-4所示为几个应用程序的示例。

图 8-1 多维数据分析主界面图

Fig. 8-1 Main screen of multi-dimension data analysis

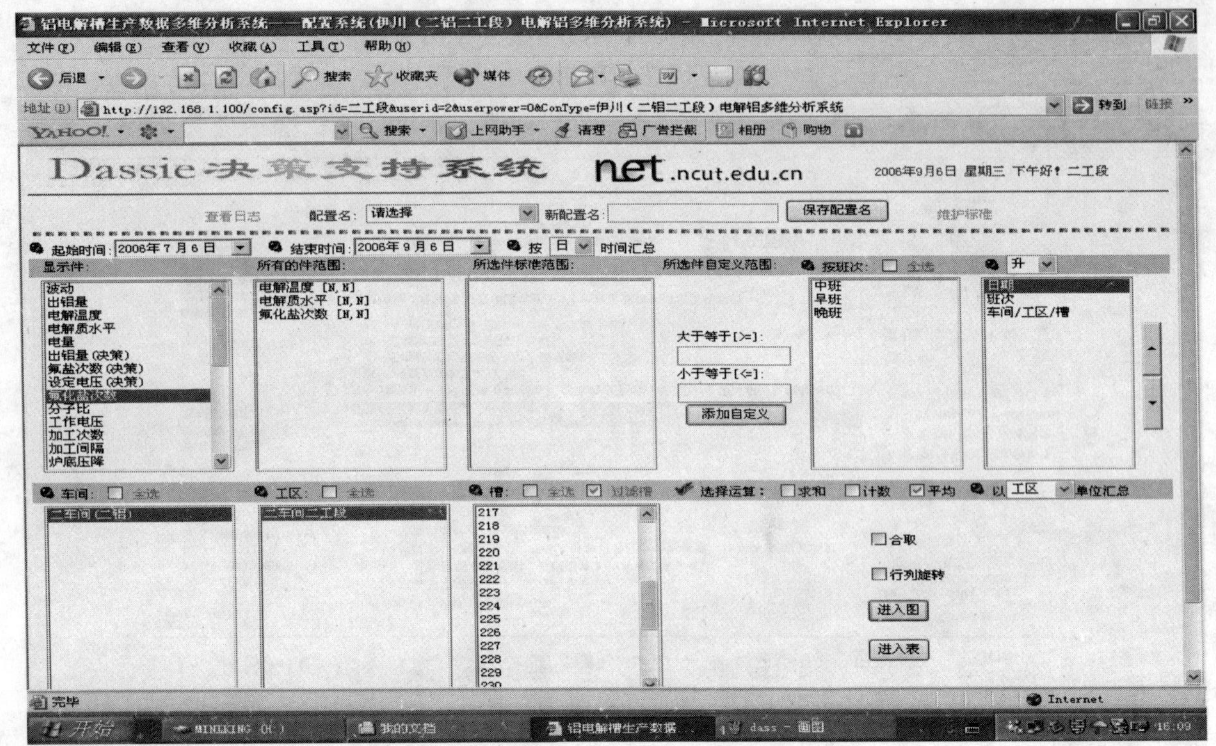

图 8-2　基于浏览器方式的用户配置界面图

Fig. 8-2　User configuration screen based on B/S mode

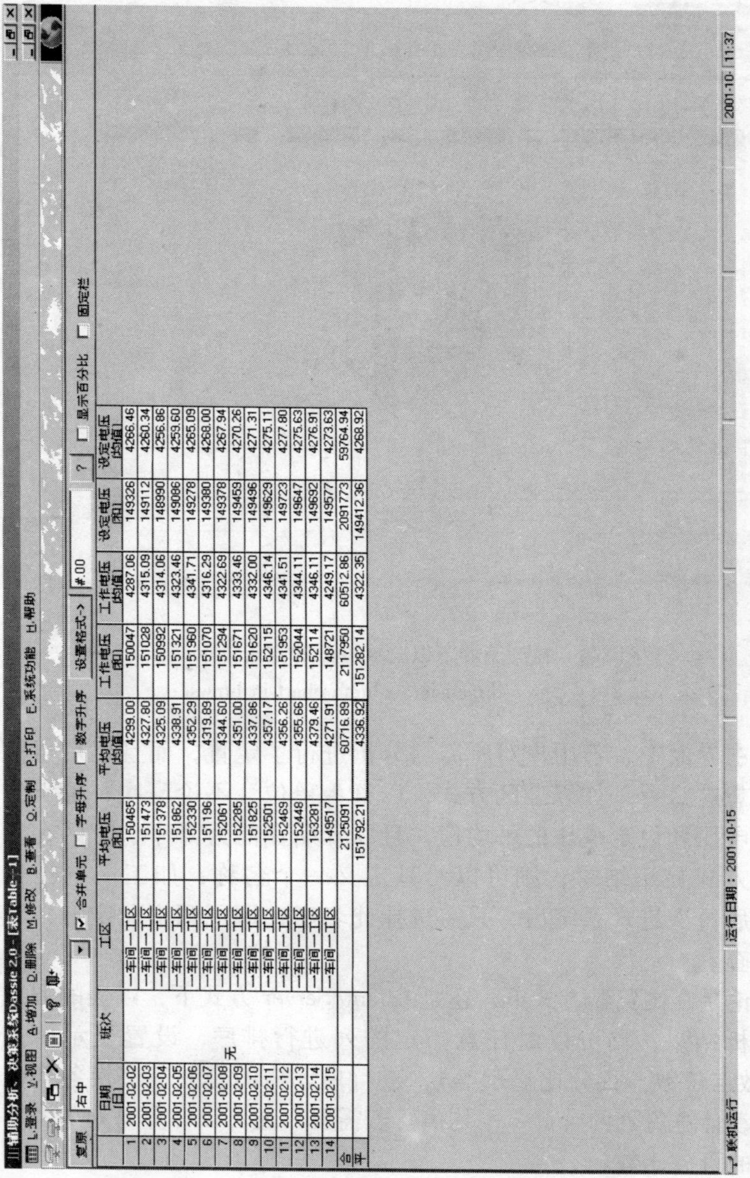

辅助分析、决策系统Dassie 2.0 - [表Table--1]

L.登录 V.视图 A.增加 D.删除 M.修改 B.查看 O.定制 P.打印 E.系统功能 H.帮助

复原 右中 合并单元 字母升序 数字升序 设置格式-> #.00 ? 显示百分比 固定栏

	日期(日)	班次	工区	平均电压(和)	平均电压(均值)	工作电压(和)	工作电压(均值)	设定电压(和)	设定电压(均值)
1	2001-02-02	无	一车间一工区	150465	4299.00	150047	4287.06	149326	4266.46
2	2001-02-03		一车间一工区	151473	4327.80	151028	4315.09	149112	4260.34
3	2001-02-04		一车间一工区	151378	4325.09	150992	4314.06	148990	4256.86
4	2001-02-05		一车间一工区	151862	4338.91	151321	4323.46	149086	4259.60
5	2001-02-06		一车间一工区	152330	4352.29	151960	4341.71	149278	4265.09
6	2001-02-07		一车间一工区	151196	4319.89	151070	4316.29	149380	4268.00
7	2001-02-08		一车间一工区	152061	4344.60	151294	4322.69	149378	4267.94
8	2001-02-09		一车间一工区	152285	4351.00	151671	4333.46	149459	4270.26
9	2001-02-10		一车间一工区	151825	4337.86	151620	4332.00	149496	4271.31
10	2001-02-11		一车间一工区	152501	4357.17	152115	4346.14	149629	4275.11
11	2001-02-12		一车间一工区	152469	4356.26	151953	4341.51	149723	4277.80
12	2001-02-13		一车间一工区	152448	4355.66	152044	4344.11	149647	4275.63
13	2001-02-14		一车间一工区	153281	4379.46	152114	4346.11	149692	4276.91
14	2001-02-15		一车间一工区	149517	4271.91	148721	4249.17	149577	4273.63
合				2125091	60716.89	2117950	60512.86	2091773	59764.94
平				151792.21	4336.92	151282.14	4322.35	149412.36	4268.92

联机运行 运行日期：2001-10-15 2001-10- 11:37

图 8-3 以表的方式显示

Fig. 8-3 Result shown by chart

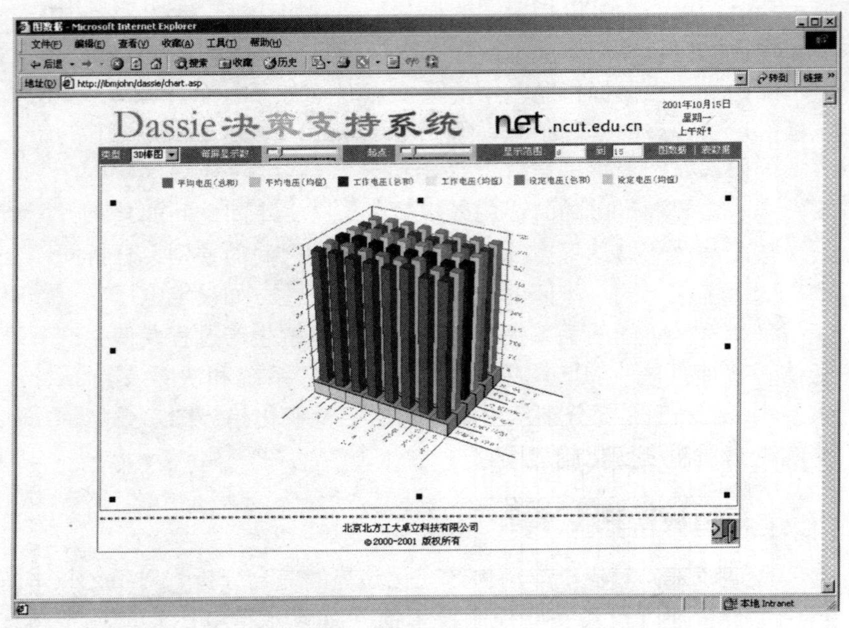

图 8-4 在浏览器下以三维棒图的方式显示

Fig. 8-4 Three-dimension column chart in browser

在主界面中，若用户对所需的分析进行了定置，而且以后可能每次都想这么看，如以工区方式，以日为单位，不论班次，重点查看工作电压和设定电压的平均值，且以日期在前为降序、工区在后为升序方式显示结果，则可以给其定义一个名称，如工区电压比较，以后每次进入系统后，只需选择此名字，即可调出此定置，直接分析查看。

无论是在浏览器方式下，还是 Client/Server 方式下，以表的方式显示分析结果，均可以对任意指定的列进行排序，设置显示格式（如小数点位数，百分比显示等），进行单元格的合并，交换各列位置，自动计算每列的合计、平均值。若需要，还可以计算每列中各单元所占的百分比数。

无论是在浏览器方式下，还是 Client/Server 方式下，以图的方式显示分析结果，均可以指定图的显示类型，如二维折线图、三维棒图等。在数据比较多的情况下，还可以设定每屏显示的数量，同时设定显示起始点。当鼠标指向图中的某一点时（如某一个棒图），会在状态栏显示这一点的实际值（如工作电压的值）。在3D状态下，还可以拖动鼠标对图形进行旋转，非常方便。

同时，我们可以随时比较各班组、工区、车间之间的差距，包括效应情况和电压摆动幅度等指标；比较各槽之间的差别，分析同一台槽、同一工区、同一车间的几个指标的相关性，如设定电压、工作电压、平均电压之间的关系等，随时掌握电解槽生产过程，使生产管理从信息管理系统（MIS）一级上升到OLAP系统和决策支持系统上来。图8-5和图8-6分别示出温度和出铝量变化趋势图、氟化铝添加量和电解质温度变化趋势图。

8.2　自适应模糊专家系统

长期以来，对铝电解槽生产变化趋势的综合分析、对工艺技术条件的综合管理以及对一些控制设定值（如设定槽电压）的调整与优化均是由现场管理人员进行的。按照铝电解规程，工区长每天要根据各槽的日报、班报等各种报表，分析判断出各槽的槽况，如冷槽、热槽、冷行程、热行程等，并决定各槽一天的氟化铝添加量、出铝量、设定电压等。在一定程度上，工区长的水平和经验，决定了所作决策的正确性，人为因素及随意性占了很大的比重。由于铝电解槽是一个大滞后的工业对象，今天的错误决策或不合理的安排，如多出铝或少出铝，可能在10天半个月后才能体现出来，一旦形成病槽，要想调理过来就非常困难，损失就会巨大。

如何增强铝电解过程控制系统过程监控电解槽状况分析与优化决策功能是20世纪90年代以来国际铝业界颇为关注的研究课题。加拿大等国开展过应用常规的专家系统原理的铝电解专家控制系统的研制，但由于传统的专家系统仅能利用精确知识进行启发式推理，因此只能实现很简单的推理功能，不能实现本项目拟开发的槽况诊断与生产决策功能。

通过结合铝电解生产实际反映的有关操作与管理槽况的技术难题，

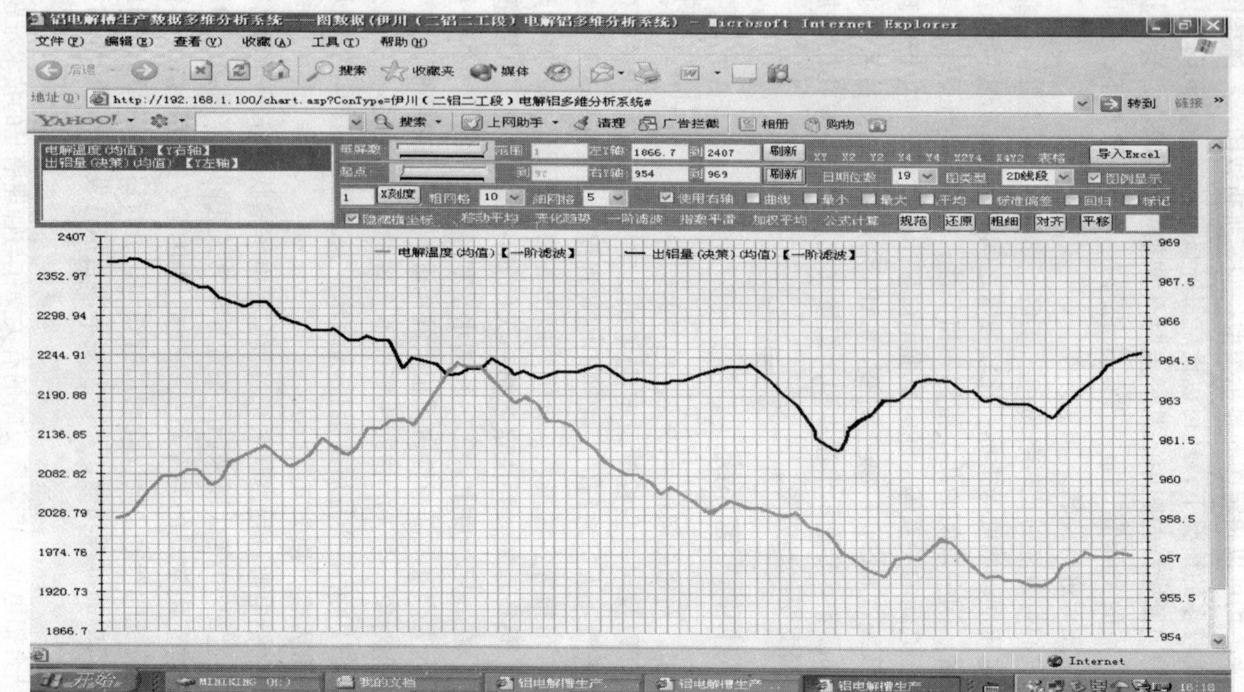

图 8-5　温度和出铝量变化趋势图

Fig. 8-5　Variation of temperature with amount of metal siphon

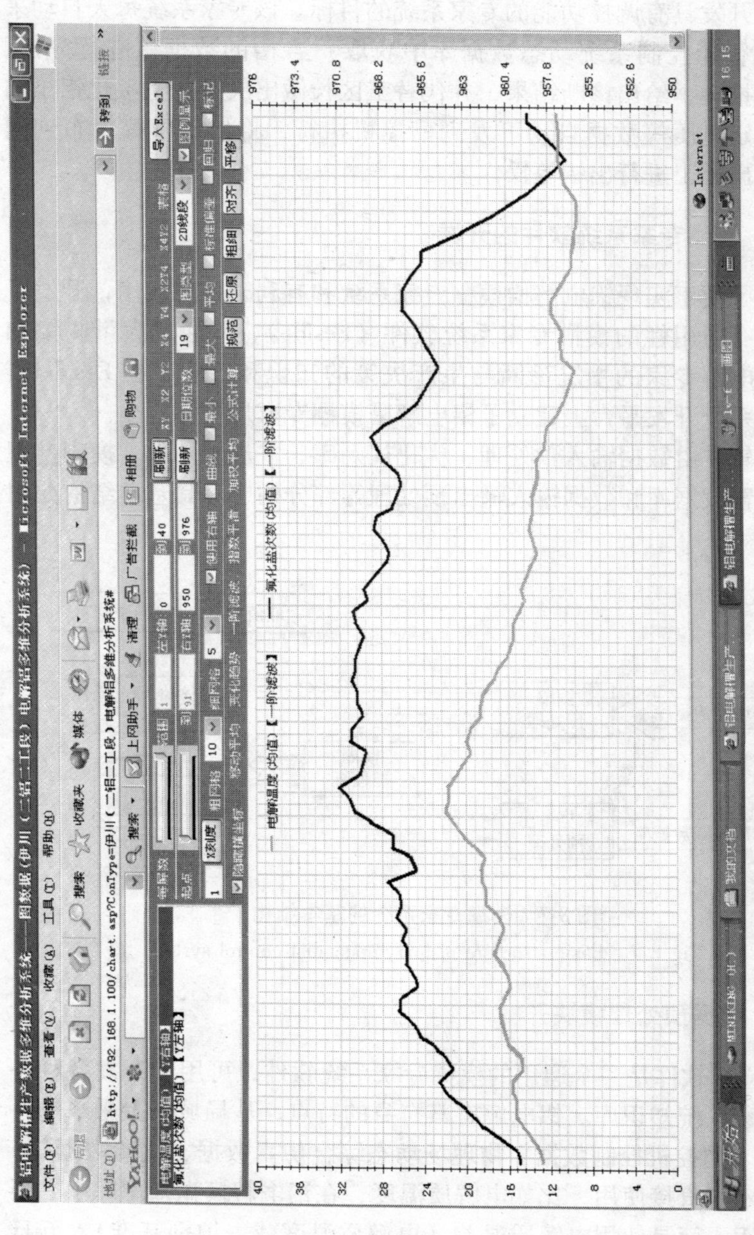

图 8-6 氟化铝添加量和电解质温度变化趋势图

Fig. 8-6 Temperature variation with the add amount of AlF_3

提出了开发具有调控功能的专家系统的目标。该专家系统每天自动采集（从智能控制系统动态数据库中获取）各槽的数据，进行分析、计算和推理，给出诊断结果，并代替工区长做出决策，将氟化铝添加量和设定电压等数据自动下发到槽控机执行，将出铝量等发布到网上，供出铝工进行出铝等操作。

8.2.1 模糊专家系统软件的开发

为了便于实现铝电解槽模糊专家系统和有利于推广应用，开发了一个具有通用性的模糊专家系统软件（Feside），并通过大量收集和整理铝电解专家的槽况诊断与生产决策的知识和经验，在 Feside 模糊专家系统开发平台上建立了铝电解槽模糊专家规则库。

该软件由数据输入预处理、优化规则库、常规规则库、模糊推理机、配置数据库和数据输入输出预处理等部分构成。其基本结构如图 8-7 所示。

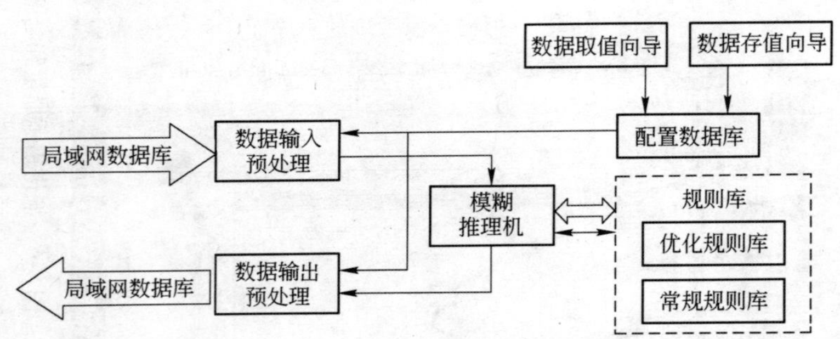

图 8-7 模糊专家系统的基本结构

Fig. 8-7 Basic structure of fuzzy specialist control system

8.2.2 数据预处理模块开发

Feside 软件是一个通用的模糊专家系统软件，可用于开发各种各样的专家系统知识库。铝电解有其自身的特点，从局域网上采来的各种数据（槽控机控制数据、物理场动态综合仿真数据、化验数据等）并不一定能直接使用，比如电解质温度，在铝电解模糊知识库中并不直接使用，而是使用电解质温差（电解质温度减去炉别基准）、五日温趋等变换后的数据。另一方面，模糊专家系统推理出的数据大部分是差值，但在发布到网上或下发到槽控机时可能是实际值，这就需要在输出前进行各种计算。为此，开发了一个铝电解槽模糊专家系统数据预处理程序。图 8-8 所示为模糊专家系统的主界面，图 8-9 所示是

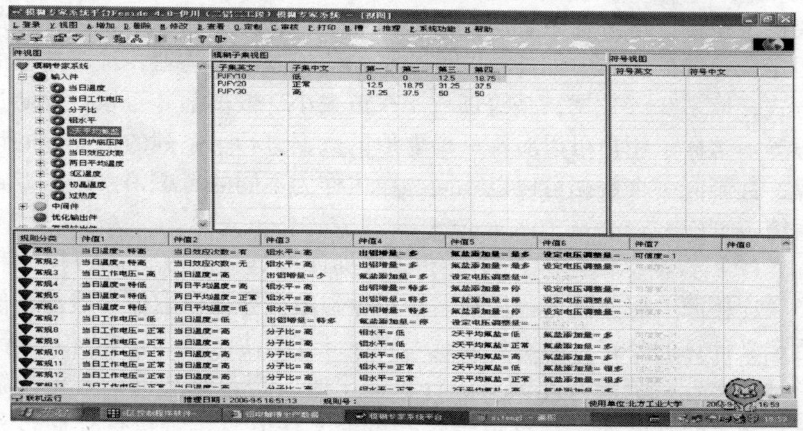

图 8-8　模糊专家系统的主界面

Fig. 8-8　Main screen of fuzzy specialist system

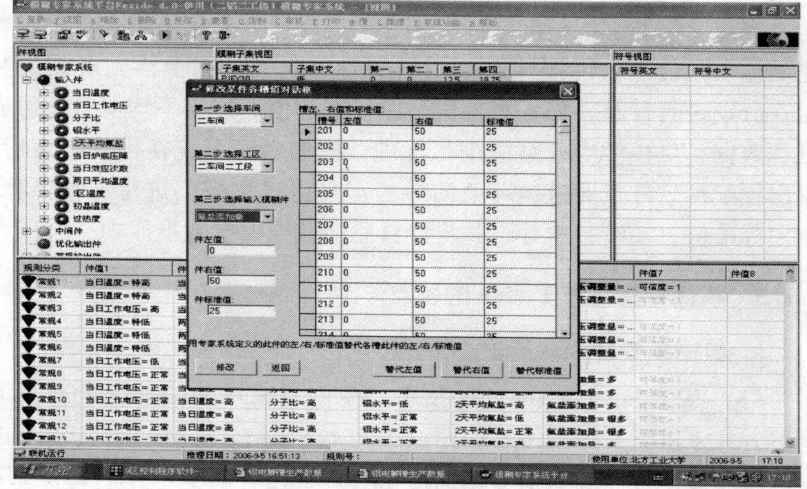

图 8-9　各槽参数配置图

Fig. 8-9　Parameter of the cells configuration

各槽参数配置图。

为了能够灵活地由用户定义数据的处理方式，我们设计了数据取值智能向导和数据存值智能向导。

（1）数据取值向导：首先定义数据库的连接方式，如数据库种类、连接源、服务器名、用户名、口令、数据库名、取值字段等，然后定义计算的公式，如计算差值或平均值或差值平均值，计算差值的方式，取多少天数据，是否加权，权值大小，取值前是否执行存储过程等。这样，用户可以对每一个要取的数据进行一系列的推理前的计算，甚至同一个数据可以以不同的数值作为不同的考虑因素进入专家系统。

（2）数据存值向导：首先定义数据库的连接方式，如数据库种类、连接源、服务器名、用户名、口令、数据库名、取值字段等，然后定义计算的公式，如不计算或与前一天的相加或与标准值相加等，同时指出若系统没有此因素的计算输出时，是否对其进行数据的输出，输出昨日值还是标准值等，并可定义存值后是否执行存储过程等。这样，用户可以对每一个专家系统推理的结果进行变换，从而直接指导生产。

当定义好数据取值向导和数据存值向导后，专家系统在推理时首先由输入预处理软件按照数据取值向导的定义从网上得到所需的数据，分别进行计算，如计算差值、差值平均值、加权平均值等，形成推理数据，供模糊专家系统进行推理；模糊专家系统在推理结束后，输出预处理软件按照数据存值向导的定义将输出数据进行各种计算，如加标准值、加昨日值等，并将计算后的数据发至数据库中。

8.2.3 模糊专家系统 Feside 的特点

模糊专家系统 Feside 具有以下特点：

（1）基于 Internet/Intranet 技术。模糊专家系统的推理全部在浏览器方式下进行，方便用户使用。

（2）引入了修饰符算子 NOT。由于 NOT 算子的引入，可以在模糊规则的条件和结论中加入 NOT，如电解质温差 NOT = 高，槽况 NOT = 冷槽等，一方面符合人的语言习惯，另一方面可减少规则数量。

(3) 采用智能向导技术。使用数据取值向导和数据存值向导定义每个件的数据输入预处理方式和数据输出预处理方式，方便工艺人员进行系统的定义。

(4) 采用各种辅助生成工具。为了方便系统的定义和规则的管理，采用了各种辅助工具，如模糊子集的自动生成工具，规则的树型结构。

8.3 铝电解槽生产模糊专家规则库的自适应

系统开发出包含下列三个模块的铝电解槽生产模糊专家系统。

(1) 电解槽状况自诊断：综合考虑最近若干天的运行参数及技术指标，对电解槽的槽况进行诊断，如正常槽还是异常槽，是何种异常槽或有病槽的趋势，并通过对出铝量、氟化铝添加量、设定电压进行调整，达到对槽况的调理与维护，诊断结果一方面以网上发布和报表形式提供给现场操作管理人员，另一方面供决策模块使用。

(2) 决策量自修正模块：综合考虑前一阶段技术条件变化情况、当前槽况等，判断出今日各槽的适宜的决策量（设定电压、氟化铝添加量、出铝量），通过网络自动下发至槽控机，实现自优化调整。

(3) 工艺参数优化模块：随着槽况的变化，系统工艺特性也在变化，如炉别基准等一系列参数，通过对槽工艺参数的优化，一方面指导专家系统自适应槽况的变化（长期），一方面也使下位机（槽控机）对控制参数进行不同程度的自修正，上、下配合，取得较好的综合的控制效果。

(4) 过热度自适应模块：根据决策量预测的过热度和实际测量的过热度的差值，修改相关规则，使过热度的控制规则具有自适应功能[217]。

8.4 综合控制技术试验情况

“十一五”时期，国家提出2006年单位GDP能源消耗比2005年末降低20%左右。要实现这个目标就必须在搞好环境保护的同时，优化资源配置，促进节能降耗，挖掘生产潜力，实现技术更新突破，以综合控制技术科学决策，以精细化管理提高生产效率，走可持续发展道路。针对目前公司生产指标与国内国际先进行业的差距大、生产不稳定等问题，联合上海贺利氏电测骑士有限公司、大连理工学院、北方工业大学、沈阳铝镁设计研究院等四家协作单位，共同对300kA电解槽进行综合控制技术开发，并于2006年3月6日在洛阳豫港龙泉铝业有限公司电解二车间2工段进行了探索性试验。从目前试验效果来看，基本上达到了阶段性预期目标，初步形成了一套综合控制理论，已经具备推广应用条件。

300kA电解槽综合控制技术开发的主要研究内容和技术创新为：

（1）计算机精确控制氧化铝含量的技术开发。

（2）过热度九区控制的技术开发。

（3）计算机专家诊断电解槽趋势的技术开发。

（4）开槽阳极在300kA电解槽生产上的应用。

四项综合控制技术试验和应用在国内是首例，对铝工业技术的发展具有深远的意义，节能降耗十分显著。

8.4.1 上海贺利氏电测骑士有限公司九区控制试验

采用上海贺利氏电测骑士有限公司的控制软件系统，如图8-10～图8-14。

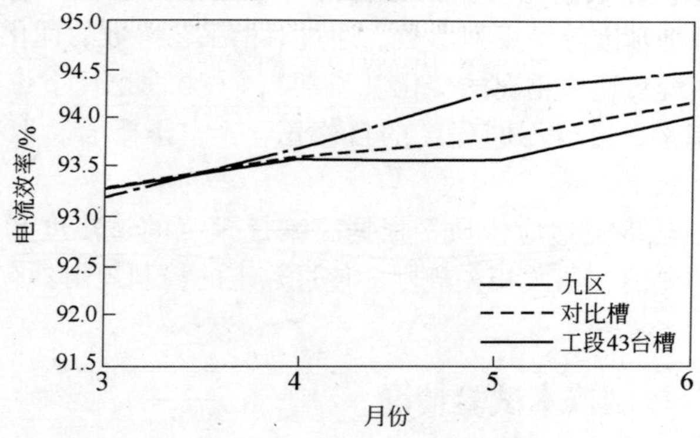

图8-10 上海贺利氏九区控制试验电流效率对比图

Fig. 8-10 Current efficiency of different cells controlled by Shanghai Heraeus nine box system

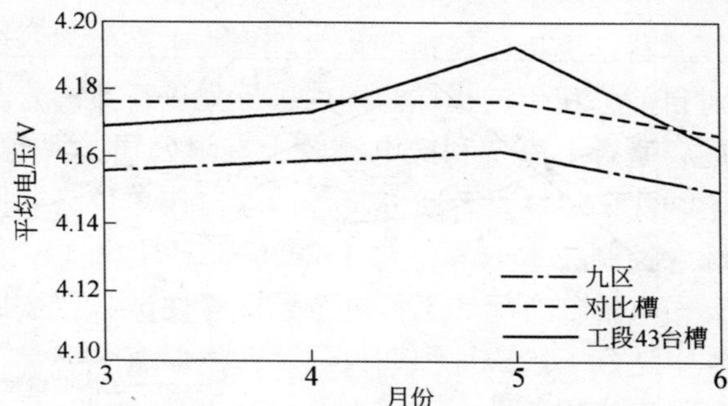

图 8-11 上海贺利氏九区控制试验平均电压对比
Fig. 8-11 Average voltage of different cells controlled by Shanghai Heraeus nine box system

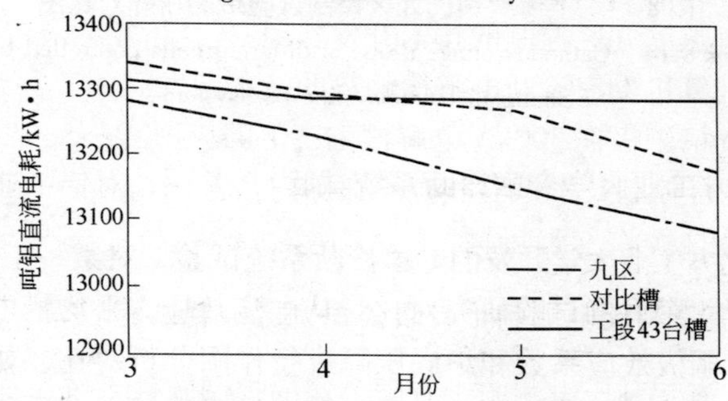

图 8-12 上海贺利氏九区控制试验直流电耗对比
Fig. 8-12 DC consumption of different cells controlled by Shanghai Heraeus nine box system

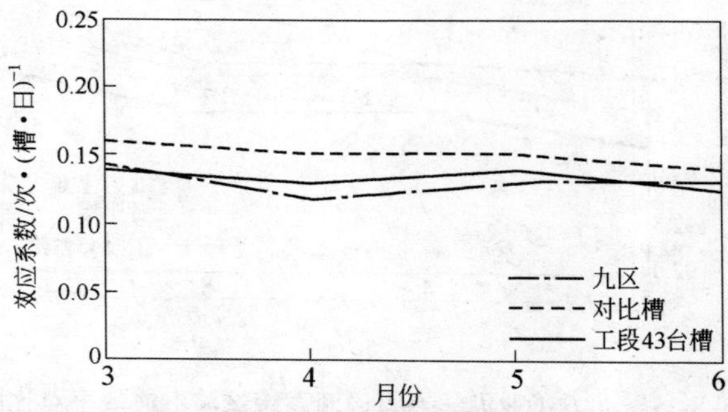

图 8-13 上海贺利氏九区控制试验效应系数对比图
Fig. 8-13 Anode effect frequency of different cells controlled by Shanghai Heraeus nine box system

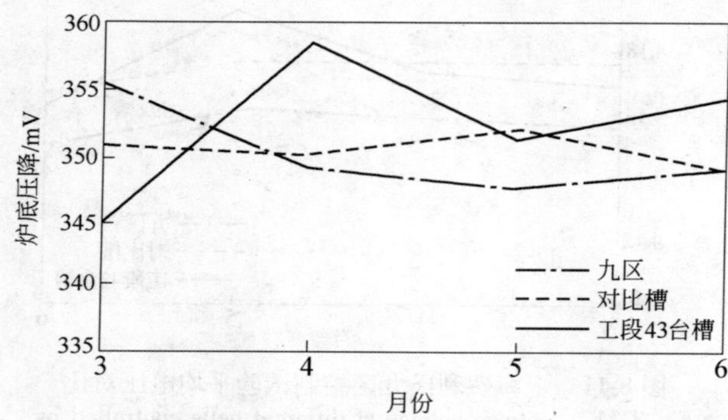

图 8-14　上海贺利氏九区控制试验炉底压降对比图

Fig. 8-14　Cathode voltage drops of different cells controlled by Shanghai Heraeus nine box system

8.4.2　北方工业大学专家诊断系统试验

采用北方工业大学开发的专家诊断系统试验，对某一工段的 43 台电解槽进行 4 个月的试验研究对比，从电流效应，平均槽电压、吨铝直流电耗，阳极效应系数和炉底压降进行作图分析对比，如图 8-15 ~ 图 8-19。

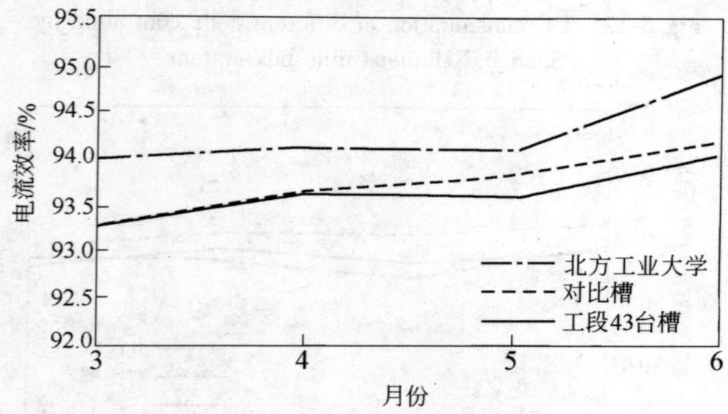

图 8-15　北方工业大学专家诊断系统试验电流效率对比图

Fig. 8-15　Current efficiency of different cells controlled by NCUT specialist diagnose system

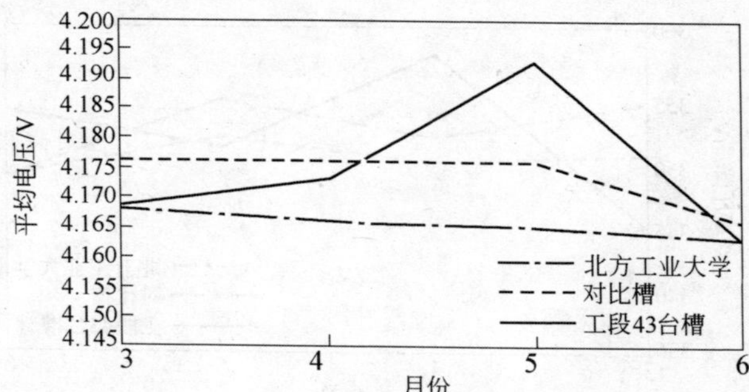

图 8-16 北方工业大学专家诊断系统试验平均电压对比图

Fig. 8-16 Average voltage of different cells controlled by NCUT specialist diagnose system

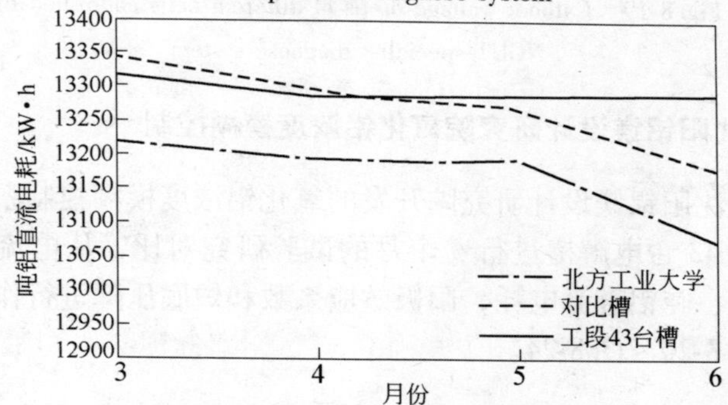

图 8-17 北方工业大学专家诊断系统试验直流电耗对比图

Fig. 8-17 DC consumption of different cells controlled by NCUT specialist diagnose system

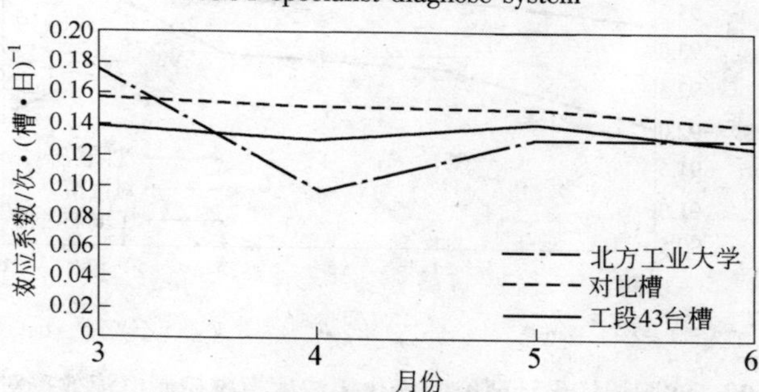

图 8-18 北方工业大学专家诊断系统试验效应系数对比图

Fig. 8-18 AE Frequency of different cells controlled by NCUT specialist diagnose system

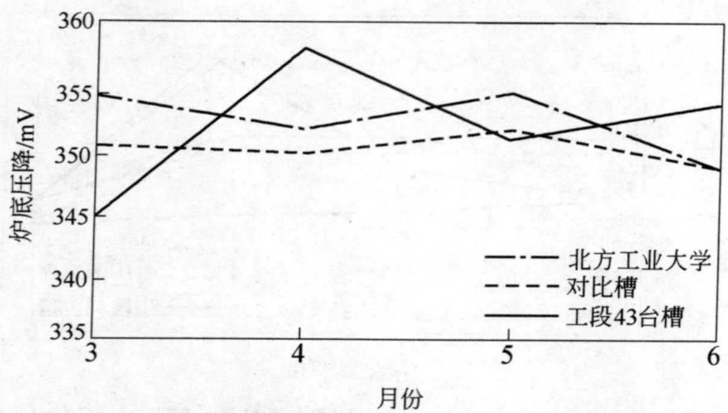

图 8-19　北方工业大学专家诊断系统试验炉底压降对比图

Fig. 8-19　Cathode voltage drops of different cells controlled by NCUT specialist diagnose system

8.4.3　沈阳铝镁设计研究院氧化铝浓度模糊控制

采用沈阳铝镁设计研究院开发的氧化铝浓度模糊控制系统，对某一工段的 43 台电解槽进行 4 个月的试验研究对比，从电流效应，平均槽电压、吨铝直流电耗，阳极效应系数和炉底压降进行作图分析对比，如图 8-20 ~ 图 8-24。

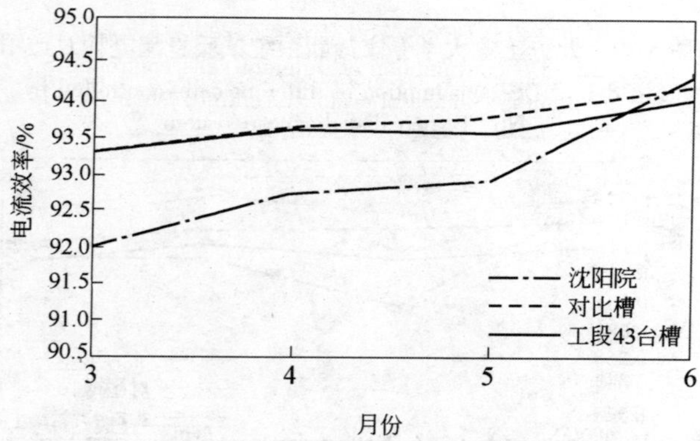

图 8-20　沈阳铝镁设计研究院氧化铝浓度模糊控制电流效率对比图

Fig. 8-20　Current efficiency of different cells controlled by alumina concentration fuzzy control system

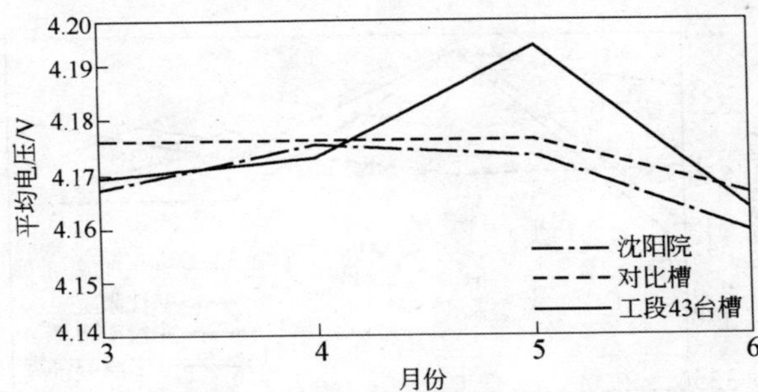

图 8-21 沈阳铝镁设计研究院氧化铝浓度模糊控制平均电压对比图

Fig. 8-21 Average voltage of different cells controlled by alumina concentration fuzzy control system

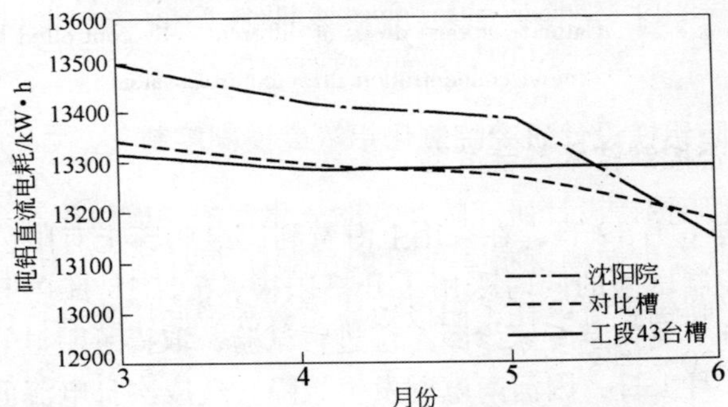

图 8-22 沈阳铝镁设计研究院氧化铝浓度模糊控制直流电耗对比图

Fig. 8-22 DC consumption of different cells controlled by alumina concentration fuzzy control system

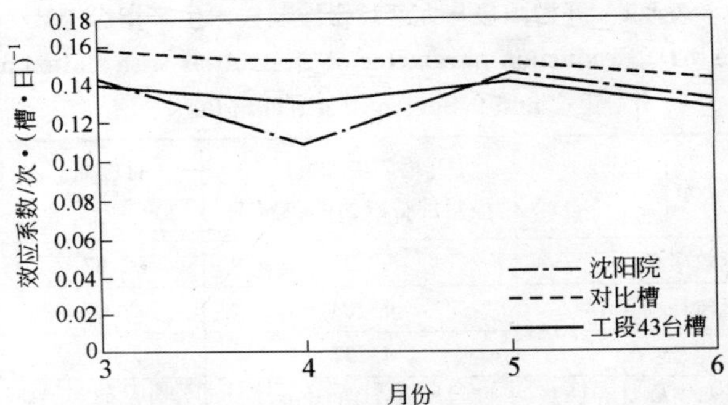

图 8-23 沈阳铝镁设计研究院氧化铝浓度模糊控制效应系数对比图

Fig. 8-23 Anode effect of different cells controlled by alumina concentration fuzzy control system

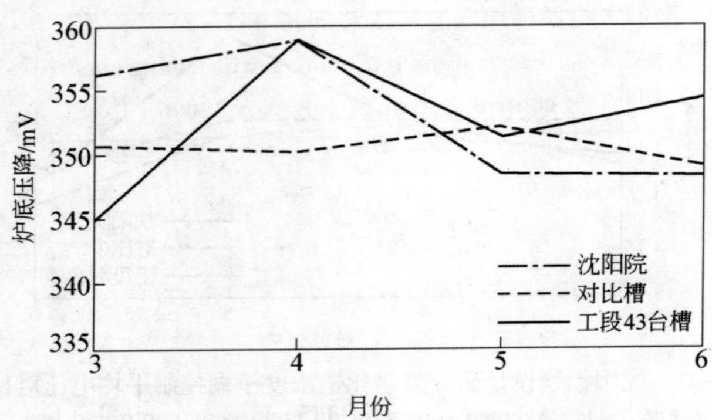

图 8-24 沈阳铝镁设计研究院氧化铝浓度模糊控制炉底压降对比图

Fig. 8-24 Cathode voltage drops of different cells controlled by alumina concentration fuzzy control system

8.4.4 综合控制技术整合试验

2006 年 6 月 12 日，在采用上海贺利氏电测骑士有限公司的系统进行九区控制试验的同时采用了开槽阳极，6 月 18 日在上述基础上又采用北方工业大学专家诊断系统进行试验，取得了明显效果。

同年 7 月 1 日，因河南电网发生故障，造成次日电流低、槽温极低、效应频发，影响了 7 月份生产指标。尽管如此，仍然取得很好的指标。见表 8-1 和表 8-2。

表 8-1 开槽阳极与九区综合控制技术生产指标统计

Table 8-1 Production parameter of electrolysis with slotted anode and 9-box control technique

技术指标	开槽阳极和九区控制试验槽 219 ~224 号	对比槽 209 ~214 号	2 工段 43 台电解槽
电流效率/%	93. 37	92. 87	92. 83
吨铝直流电耗/kW · h	13204	13307	13309. 36
平均电压/V	4. 137	4. 147	4. 146
效应系数/次 ·（槽 · 日）$^{-1}$	0. 16	0. 21	0. 23
波动时间/min ·（槽 · 日）$^{-1}$	1. 15	1. 78	2. 34
炉底压降/mV	347	348	344. 43

表 8-2 300kA 电解槽综合控制技术 2006 年 7～11 月份生产指标统计

Table 8-2 Electrolysis parameters with comprehensive control system in July-Nov. 2006

月份	指标	综合技术试验槽	工区 43 台槽	258 台槽	2,5,6 工段试验新槽
7	平均电压/mV	4.165	4.166	4.165	4.164
	电流效率/%	94.055	92.83	93.69	94.3
	吨铝直流电耗/kW·h	13196	13374	13276	13159
	炉底压降/mV	351.67	344.43	352	298
	效应系数/次·(槽·日)$^{-1}$	0.13	0.23	0.17	0.132
8	平均电压/mV	4.160	4.165	4.153	4.132
	电流效率/%	94.12	93.70	93.53	93.7
	吨铝直流电耗/kW·h	13171	13246	13281	13141
	炉底压降/mV	352.33	348.51	351.2	301
	效应系数/次·(槽·日)$^{-1}$	0.1	0.13	0.12	0.115
9	平均电压/mV	4.143	4.144	4.148	4.130
	电流效率/%	94.2	93.68	93.6	93.9
	吨铝直流电耗/kW·h	13106	13182	132206	13107
	炉底压降/mV	351	352	352	319
	效应系数/次·(槽·日)$^{-1}$	0.08	0.10	0.10	0.10
10	平均电压/mV	4.135	4.144	4.139	4.131
	电流效率/%	94.4	93.71	93.8	94.2
	吨铝直流电耗/kW·h	13053	13178	13149	13068
	炉底压降/mV	350	351.8	353	323
	效应系数/次·(槽·日)$^{-1}$	0.061	0.09	0.09	0.08
11	平均电压/mV	4.128	4.142	4.133	4.129
	电流效率/%	94.7	93.82	93.9	94.3
	吨铝直流电耗/kW·h	12990	13156	13116	13048
	炉底压降/mV	350	350.5	351	321
	效应系数/次·(槽·日)$^{-1}$	0.048	0.08	0.08	0.06

8.4.4.1 开槽阳极和上海贺利氏电测骑士有限公司九区控制试验结果

7 月份对比槽与开槽阳极和上海贺利氏电测骑士有限公司九区控制试验槽的主要技术指标如表 8-1 所示。

由表 8-1 可知，九区综合控制技术和开槽阳极同时使用，可以提高电流效率 0.5%，减少的吨铝直流电耗达 100kW · h，电解槽运行稳定，作用明显，应该推广此技术。

8.4.4.2 综合控制技术生产指标

以北方工业大学计算机专家模糊控制推理系统诊断技术为主，以九区过热度为预警系统，以开槽阳极、氧化铝含量在线检测降低效应系数，从而降低直流电耗。其方法是每周实行五天 300kA 电解槽铝电解综合控制技术、两天人工扶助修改参数的“5 + 2”工艺参数决策策略。这种综合控制技术对提高电流效率、延长槽寿命、降低电耗最显著。

300kA 电解槽综合控制技术开发的最终目标是：过热度为 6 ~ 8℃，电流效率大于 94%，且长期保持，效应系数小于 0.05 次/(槽 · 日)，吨铝直流电耗小于 13000kW · h，炉底压降值平均小于 340mV，槽寿命大于 2000d。

300kA 电解槽综合控制技术 2006 年 7 ~ 11 月份生产指标统计如表 8-2 所示。

从表 8-2 可以看出，综合控制技术试验槽指标较好，吨铝直流电耗达到 13000kW · h 以下，电流效率达到 94% 以上，效应系数达到 0.05 次/(槽 · 日)，5、6 工段新槽子指标较好，主要是炉底压降较低，但没有采用开槽阳极。如果开槽阳极综合试验槽是新槽子，阴极炭块使用高石墨质或全石墨化阴极，吨铝直流电耗仍有降低空间，可望降低 150 ~ 200kW · h。通过 300kA 电解槽综合控制技术的推广，伊川第二铝厂 2007 年 1 ~ 8 月份累计电流效率为 95.1%，效应系数为 0.06 次/(槽 · 日)，吨铝直流电耗为 12987kW · h。

8.4.4.3 经济效益概算

300kA 电解槽综合控制技术开发成功并且推广应用，吨铝直流电耗可以降低 200kW · h，电流效率可以提高 0.5%。每年可节约 0.82

亿 kW · h，按现行电价 0.316 元/kW · h 计算，约合 2591 万元；每年可多产铝 1962t，可创收 1962 万元；电解槽寿命大大提高，如果电解槽寿命延长一年，每台槽可节约大修费用 16 万元，514 台槽可节约大修费用 8224 万元。

8.5 本章小结

（1）300kA 大型电解槽综合控制技术的开发是目前电解铝厂节能降耗的核心技术。推广每周五天进行综合控制，两天进行参数调整的“5 +2”专家决策是 300kA 电解槽发展的必然趋势。

（2）过热度控制在 6 ~10℃时，炉帮形成完好，炉底无沉淀，电解槽运行平稳、高效。

（3）氧化铝含量（质量分数）控制在 1.5% ~2.5%，效应系数为 0.05 次/槽 · 日左右，同时对槽温、过热度、分子比及电压实现精细化管理，电流效率可显著提高，可达到 94% 以上，吨铝直流电耗为 13000kW · h。

（4）计算机专家诊断系统解决了数据处理的问题，为管理人员准确把握电解槽发展趋势提供了有力的数据支持；能及时诊断出电解槽存在的异常情况，提示现场人员及时排查并处理问题。

参考文献

1 Kvande H. A Technological Overview of the Primary Aluminium Industry-Yesterday, Today and Tomorrow. Eighth Australasian Aluminium Smelting Technology conference and workshops, 2004. 10

2 Martin O, Crapart A., G-line in St.-Jean de Maurienne. Six operating years, Light Metals 1992: 343 ~ 346

3 Caissy J, Dufour G, Lapointe P. On the road to 325kA. Light Metals, 1998: 215 ~ 219

4 Feng Shaozhon, Leng Zhengxu, Gan Yiren. Development of high amperage prebake cells in China. Light Metals, 2000: 171 ~ 178

5 Yin Ensheng, Liu Yonggang, Xi Canmin et al. Developing the GP-320 cell technology in China. Light Metals, 2001: 213 ~ 218

6 She Haibo, Chen Shichang, Zhang Juanzhang. Henan HongKong Longquan Aluminium Co. ltd., China-Growing up. Light Metals, 2004: 233 ~ 236

7 Pawlek R P. The primary aluminium industry at the turn of the year 2003/2004. Light Metals Age, 2004, 62 (3/4): 32

8 Kalban A J M, Farsi Y A M Al, Binbrek A S S. Reduction cell technology development at Dubal through 20 years. Light Metals, 2000: 215 ~ 220

9 Berrueta L. CVG Venalum-Lines Ⅵ and Ⅶ. Light Metals, 2004: 223 ~ 226

10 Pawlek R. Primary aluminium smelters and producers of the world. Aluminium-Verlag, Dusseldorf, Germany. The entry sheet supplement containing information on the Alcoa plant in Massena, 2001

11 ¢ye H A, Huglen R. Managing aluminum reduction technology: Extracting the most from Hall-Heroult. JOM, 1990, 42 (11): 23 ~ 28

12 Vanvoren C, Homsi P, Basquin J L, Beheregaray T. AP50: The Pechiney 500kA cell. Light Metals, 2001: 221 ~ 226

13 Vanvoren C, Homsi P, Fève B et al. AP35: The latest high performance industrially available new cell technology. Light Metals, 2001: 207 ~ 212

14 Vanvoren C, Peyneau J M, Reverdy M et al. The Dunkirk smelter: From 216 to 257 kt/year through 10 years of technology creeping and continuous improvement. Light Metals, 2003: 185 ~ 189

15 Tanji S, Fujishima O, Mori K. Substantial energy saving in existing potlines. Light Metals, 1983: 577 ~ 586

16 Thonstad J, Olsen E. Cell operation and metal purity challenges for the use of inert anodes. JOM, 2001, 53 (5): 36 ~ 38

17 Tayloy M, Tabereaux A. Aluminum reduction technology- Where to from here. JOM, 2000, 52

(8)：35~39

18 潘家柱.2004年中国的铝工业及2005年展望.2005年国际铝工业展览论坛，上海，2005

19 Thonstad J，Fellner P，Hives J et al. Aluminium electrolysis-Fundamentals of the Hall-Heroult process. Aluminium-Verlag Marketing & Kommunikation GmbH，Dusseldorf，2001

20 李劼.中国铝电解工业的技术进步与技术特点.2005年国际铝工业展览论坛，上海，2005

21 邱仕麟等.电解铝技术的回顾与展望.第四届铝电解专业委员会2002年年会暨学术交流会论文集，南山，2002

22 刘业翔.铝电解电流效率理论与实践的新认识.第四届铝电解专业委员会2002年年会暨学术交流会论文集，南山，2002

23 沈阳铝镁设计研究院，河南豫港龙泉铝业有限公司.300kA预焙阳极铝电解槽研制鉴定材料（内部资料），2003

24 姚世焕.电解铝发展中的“关注”与“观点”.第四届铝电解专业委员会2002年年会暨学术交流会论文集，南山，2002

25 沈阳铝镁设计研究院.伊川第二电解铝扩建项目技术方案，2003

26 杨瑞祥.大容量预焙槽开发及技术进展.轻金属，2006（2）：25~30

27 Skybakmoen E，Gudbrandsen H，Stoen L I. Chemical Resistance of Sidelining Materials Based on SiC and Carbon in Cryolitic Melts-A Laboratory Study. Light Metals，1999：215~222

28 Swain M V，Segnit E R. Reaction between cryolite and silicon carbide refractories. J. Auststr. Ceram. Soc，1984（20）：9~12

29 Tabereaux A T. Silicon carbon carbide bricks in aluminium reduction cell cathodes. Light Metals Proc. and Appl.，Canadian Inst. of Mining，1993：149~163

30 Tabereaux A T，Fickel A. Evaluation of silicon carbide bricks. Light Metals，1994：483~491

31 Welch B J，May A E. Materials problem in Hall-Heroult cells，&. Int. Leichtmetalltagung，Leoben-Vienna，1987：120~125

32 Pawlek R P. SiC in Aluminium Electrolysis Cells. Light Metals，1995：527~533

33 Welch B J. Advances in aluminium smelter technology. Metals Materials and Processes，1989，1（1）：37~47

34 Dupuis M，Jonquiere Jahrgang. Thermo-electric design of a 500kA cell. Aluminium，2003（79）：629~631

35 中南大学.伊川300kA预焙铝电解槽电、磁、流、热等多场耦合数字仿真计算报告（内部资料），2003

36 日本轻金属株式会社.铝电解槽下部槽热解析报告（内部资料），1980

37 张建芬.铝电解槽侧墙用氮化硅结合碳化硅砖使用性能的研究（内部资料），洛阳赛隆复合耐火材料制造有限公司

38 Schoenahl J，Jorge E，Marguin O et al. Optimization of Si_3C_4 Bonded SiC Refractories for Alu-

minium Reduction Cells. Light Metals 2001

39 Wang Wenwu, Zhao Junguo, Dong Jiancun et al. Test Method for Resistance of SiC Material to Cryolite. Proc. 8th Aust. Al Smelting Workshop, 2004

40 高炳亮等. 碳化硅耐火材料在铝电解槽中应用的可行性. 轻金属, 2001 (4): 40 ~ 43

41 Bearne G, Jenkin A. The impact of geometry on cell performance. Light Metals 1995. 378

42 Kvam K R, Oye H A. Homogenity and degradation of SiC sidelinings. Ninth Int. symp. on Light Metals Prod., Trondheim, ed. J. Thonstsd, 1997: 313 ~ 320

43 邱竹贤. 铝工业应用新型电极材料的研究. 轻金属, 2001 (9): 30 ~ 34

44 韩至成. 电磁冶金学. 北京: 冶金工业出版社, 2001

45 邱竹贤. 预焙槽炼铝 (第3版). 北京: 冶金工业出版社, 2005

46 邱竹贤等. 保持铝电解过程稳定性是延长阴极内衬寿命的保证. 提高铝电解槽使用寿命学术研讨会论文集. 中国有色金属学会, 2004

47 Potocnik V. Measurement Techniques for Pot Analysis. The 21st International Course on Process Metallurgy of Aluminum, Norway, 2002

48 姚世焕. 现代铝电解槽的现代化. 第四届铝电解专业委员会2004年年会暨学术交流会论文集, 焦作, 2004

49 Welch B J. 铝电解技术和应用国际研讨会, 洛阳, 2003

50 李劼等. 预焙阳极底部开排气沟对电解质流动场的影响. 第四届铝电解专业委员会2004年年会暨学术交流会论文集, 焦作, 2004

51 戴小平. 影响160kA中间下料预焙槽槽寿命的因素分析. 轻金属, 2001 (10): 38

52 乔贵林. 160kA预焙阳极电解槽扎固工艺改进及检测方法初探. 轻金属, 2001 (9): 37

53 李兵等. 平果铝160kA预焙电解槽大修五年工作回顾和技术总结. 全国第十二次铝电解技术信息交流会, 淄博, 2001

54 李文贵. 浅谈延长电解槽槽寿命的方法和措施. 全国第十二次铝电解技术信息交流会, 淄博, 2001

55 王平甫. 铝电解炭阳极与炭阴极. 北京: 冶金工业出版社, 1993

56 格罗泰姆K等. 铝电解厂技术. 邱竹贤等译. 轻金属, 1997 (3)

57 Rafiei P, Hiltmann F et al. Electrolyte degradation within cathode materials. Light Metals, 2001, TMS: 747 ~ 753

58 Zhao Q, Xie Yanli et al. Chemical reaction model of cathode failure in large prebaked anode aluminum reduction cells, Trans. Non-Ferrous Met. Soc. China, Vol. 12, No. 6, 2002: 1195 ~ 1198

59 Diez M A, Marsh H. Modeling the degradation of carbon cathodes by sodium. Light Metals (TMS), 2001: 739 ~ 747

60 Brisson P Y, Soucy G et al. Revising sodium and bath penetration in the carbon lining of aluminum electrolysis cell. Light Metals (TMS), 2005: 727 ~ 732

61 Kvande Halvor, Qiu Zhuxian, Yao Kwangtsung et al. Penetration of bath into cathode lining of alumina reduction cells. Light Metals (TMS), 1989: 161 ~ 167

62 索列，尔耶．铝电解槽阴极［M］，沈阳：《轻金属》编辑部，1991：1

63 成庚．铝用 TiB_2-C 复合阴极炭块的开发与利用．轻金属，2001（2）：50 ~ 53

64 曹全红，任必军．TiB_2涂层在300kA 铝电解焙烧启动中的实践．全国第十三次铝电解和第九次铝用炭素技术信息交流会论文集，2005（9）：156 ~ 159

65 Weibel R, Leo F J, Bent N et al. Ageing of cathode refractory materials in aluminum reduction cells, Light Metals 2002. Warrendale, PA: TMS, 2002: 66 ~ 72

66 Dreyfus M, Lacroix S. Cathode producers proposals for the improvement of the erosion resistance of graphitized cathodes. Proc. 8th Aust. Al Smelting Workshop2004, 2004: 26 ~ 32

67 McClung M, Browning J et al. Plant experience with an experimental titanium diboride cell. Light Metals, 2004: 399 ~ 404

68 Sorlie M, Oye H A. Cathodes in aluminum electrolysis. 2nd Edition. Aluminum-Verlag GmbH. Dusseldorf, 1994: 151 ~ 203

69 Homst P. Selection criteria for cathode blocks. Aluminum, Pechiney-L. R. F, Proc. 6th Aust. Al Smelting Workshop, 1998: 429 ~ 450

70 Welch B J, Hyland M M, James B. Future materials requirements for the high-energy-intensity production of aluminum. JOM, 2001 (53): 13 ~ 18

71 Hiltmann F, Seitz K. TiB_2 Plasma coating of carbon cathode materials. Light Metals 1998. Warrendale, PA: TMS, 1998: 379 ~ 390

72 Фyeetal H A. Properties of colloidal alumina bonded TiB_2 coating on carbon cathode meterials. Light Metals 1997. Warrendale, PA: TMS, 1997: 279 ~ 286

73 Tabereaux A et al. The operation performance of 70kA prebake cell retrofitted with TiB_2-G cathode elements. Light Metals 1998. Warrendale, PA: TMS, 1998: 257 ~ 264

74 Xue J L, Harald A, Oye. Wetting of graphite and carbon/ TiB_2 composites by liguid aluminium. Subodh K Dass, Light Metals 1993. Warrendale, PA: TMS, 1993: 631 ~ 637

75 Mcleod A D, Haggerty J S, Sadoway D R. Electrical resistivities of monocrystalline and polycrystalline TiB_2 . Journal of American Ceramic Society . 1984 , 67 (9) : 705 ~ 708

76 Yurkor V, Mann V, Piskazhova T et al. Dynamic Control of the Cryolite Ratio and the Bath Temperature of Aluminium Reduction Cell. Light Metals, 2002

77 Li Q Y, Lai Y Q, Liu Y G et al. Laboratory test and industrial application of an ambient temperature cured TiB_2 cathode coating for aluminum electrolysis Cells. Light Metals, 2004: 327 ~ 331

78 Homsi P, Bickert C. The Metallurgical Society of CIM, 1998

79 Wilkening S, Busse G. AIME 1981: 653 ~ 674

80 廖贤安等．我国优质阴极炭素材料急需开发．第四届铝电解专业委员会 2003 年年会暨学术交流会论文集，2003：95 ~ 98

81 孙毅．高品质铝用阴极炭块的特性分析与展望．中国有色金属学会提高铝电解使用寿命学术研讨会论文集，2004

82 罗钟生等．大规格可湿润阴极炭块的生产技术及工业应用．第一届国际铝用炭素技术会议论文集，2004（9）：236～241

83 李庆余等．TiB_2阴极涂层对铝电解槽碳素阴极内衬在生产过程中形变的影响．第五届铝电解专业委员会2005年年会暨学术交流会论文集，2005：60～65

84 Taylor A M. Impact of Bayer Process Conditions on the Characteristics of Smelter Grade Alumina. Proc. 8th Aust. Al Smelting Workshop，2004

85 Wang Zhaowen，Luo Tao，Gao Bingliang et al. Fabrication of Al-Ni-Cu-O Cermet Inert Anode and Electrolysis Testing. Light Metals，2005：535～537

86 Lai Yanqing，Duan Huanan，Li Jie et al. On the Corrosion Behaviour of Ni-NiO-$NiFe_2O_4$ Cermets as Inert Anodes in Aluminum Electrolysis. Light Metals，2005：529～534

87 Mark Glucina，Margaret Hyland. Laboratory Scale Testing of Aluminium Bronze as an Inert Anode for Aluminium Electrolysis. Light Metals，2005：523～528

88 Shi Zhongning，Xu Junli，Qiu Zhuxian et al. 300kA Bench-Scale Aluminum Electrolysis Cell with Fe-Ni-Al_2O_3 Composite Anode. Light Metals，2005：571～575

89 Daniel Woodfield，Greg Picot，Margaret Harding. Toward Optimum Anode Cover. Eighth Australasian Aluminium Smelting Technology conference and workshops，2004

90 Taylor M P. Anode Cover and Metal Purity. Eighth Australasian Aluminium Smelting Technology conference and workshops，2004

91 Taylor M P. The Impact of Cover Control and Anode Assembly Design on Redution Cell Performance. Light Metals，2004：199～206

92 Andrews E W，Taylor M P，Johnson G L et al. The Impact of Cover Control and Anode Assembly Design on Reduction Cell Performance-Part 2. Light Metals，2005：357～362

93 Wilkening S，Reny P，Murphy B. Anode Cover Material and Bath Level Control. Light Metals，2005：367～372

94 Shekhar R，Evans J W. Modeling studies of electrolyte flow and bubble behavior in advanced Hall cells. Light Metals，1990：243

95 Johansen S T，Robertson D G C，Woje K et al. Fluid Dynamics in Bubble stirred Ladles：Part Ⅱ. Mathematical Modeling. Metallurgical Transactions B. 1998，19B：755～764

96 Fraser K J，Taylor M P，Jenkin A M. Electrolyte Heat and Mass Transport Processes in Hall Heroult Electrolysis cells. Light Metals，1990：221～226

97 Purdie J M，Bilek M，Taylor M P et al. Impact of Anode Gas Evolution on Electrolyte Flow and Mixing in Aluminum Electrowinning cells. Light Metals，1993：335～360

98 Whitfield D，Skyllas-kazacos M，Welch Barry et al. Metal Pad Temperatures in Aluminum Reduction Cells. Light Metals，2004：239～244

99 Chen J J J，Taylor M P，Qian K X et al. Bubble Pattern and Bubble Resistance of Various

Model Anodes. Light Metals, 2002
100 Kiss L I, Poncsak S. Effect of the Bubble Growth Mechanism on the Spectrum of Voltage Fluctuations in the Reduction Cell. Light Metals, 2002
101 Perron A, Kiss L, Poncsak S. Regimes of the Movement of Bubbles under the Anode in an Aluminum Electrolysis Cell. Light Metals, 2005: 565 ~ 570
102 Gao Bingliang, Li Haitao, Wang Zhaowen et al. A New Study on Bubble Behavior on Carbon Anode in Aluminum Electrolysis. Light Metals, 2005: 571 ~ 575
103 Handerson Penna Dias, Ronaldo Raposo de Moura. The Use of Transversal Slot Anodes at ALBRAS Smelter. Light Metals, 2005: 341 ~ 344
104 Tandon S C, Prasad R N. Energy Saving in HINDALCO's Aluminium Smelter. Light Metals, 2005: 303 ~ 309
105 Brochot S A. 阳极切槽工艺. 当代国际铝业（中文特刊）, 2005（5）
106 Ren Xiao'ou. Outokupu Technology Ltd. 开槽阳极的清理系统. 内部CD盘文件
107 詹磊. 铝电解质熔体中炭渣对电解生产的影响. 轻金属, 2000（6）: 28 ~ 30
108 赖延清, 刘业翔. 电解铝炭素阳极消耗研究评述. 轻金属, 2002（8）: 3 ~ 7
109 Sadler B A, Algie S H. A Porosimetric Study of Sub-Surface Carboxy Oxidation in Anodes. Light Metals, 1991: 678 ~ 698
110 Dmori Z. Practical Experience with a Formula for the Prediction of the Anode Net Consumption. Light Metals, 1993: 563 ~ 568
111 Grjotheim K, Welch B J. Aluminum Smelter Technology. Dusseldorf: Aluminium Verlag, 1988
112 王平甫等. 铝电解槽炭阳极氧化掉渣裂纹掉块的危害和影响因素. 轻金属, 2002（3）: 42 ~ 45
113 黄应科. 铝电解质中炭渣的形成分布及分离措施. 轻金属, 1994（10）: 23
114 康宁. 铝电解炭渣的浮选. 轻金属, 2002（6）: 42 ~ 44
115 王平甫, 宫振等. 铝电解炭阳极应用与生产. 北京: 冶金工业出版社, 2005
116 冯乃祥等. 高效长寿电解槽的技术问题. 中国有色金属学会提高铝电解槽使用寿命学术研讨会, 2004
117 王平甫, 宫振. 铝电解炭阳极技术（一）. 北京: 冶金工业出版社, 2002
118 张国林, 郭刚. 影响预焙阳极质量的因素分析及对策探讨. 第一届国际铝用炭素技术会议论文集, 2004
119 Kvande H. Bath Properties and Cell Operational Performances. Proc. 6th Aust, Al Smelting Workshop, 1998: 275 ~ 288
120 Tabereaux et al. Lithium-modified low ratio electrolyte chemistry for improved Performance in modern reduction cells. Light Metals, 1993: 221 ~ 226
121 Cutshall E. Potential Improvements in Reduction cell operation. Travaux ICSOBA, 1997, 24（28）: 246

122　Tabereaux A T. Diagnosis and consection of irregularly operating cells. Paper presented at the 17th International course on Process Metallurgy of Aluminum. Trondheim, Norway, 1998: 1 ~ 43

123　Welch B J. Current Efficiencies in Aluminium Smelting cells. Paper presented at the 17th International course on process metallurgy of aluminium. Trondheim, Norway, 1998: 1 ~ 22

124　Taylor M P, Welch B J. Improved Energy Management for Smelters. Proc. 8th Aust. Al Smelting Workshop, 2004

125　Soltheim A, Rolaeth S, Skgbgakmoen E et al. Metal solubility in low temperature electrolytes in aluminium electrolysis. Aluminium, 1997, 27 (3): 173

126　杨振海．工业铝电解质相关物理化学参数的研究及检测：［博士学位论文］．沈阳：东北大学，2000

127　高炳亮．低温铝电解的新研究：［博士学位论文］．沈阳：东北大学，2001

128　肖伟峰，肇玉卿．Al_2O_3 粒度细化对预焙铝电解生产的影响．甘肃冶金，2005，27（3）：9

129　刘全朴．我国铝电解工业用氧化铝质量规范的研究．全国第三届有色金属年会论文集，1996：665

130　贝托德 Y，累克塔德 A. 法国彼兹涅铝业公司使用氧化铝最佳化的技术要求．轻金属技术，2：147

131　韦涵光．AP30 电解技术及新系列起动经验．轻金属，1995（8）：18 ~ 25

132　王绍鹏．280kA 电解槽零效应管理．第四届铝电解委员会 2004 年年会暨学术交流会论文集，2004（9）：72 ~ 79

133　王俊青，邱仕麟，徐建华．几种氧化铝在电解质中的溶解特性．第四届铝电解委员会 2003 年年会暨学术交流会论文集，2003（9）：308 ~ 313

134　Welch B J. Importance of good potroom practices and cell maintenance. Thermal control: Superheat user Meeting, South Africa, 2005

135　周铁托，张建．大中型预焙铝电解槽自适应控制过程的研究．轻金属，1994（2）：22 ~ 25

136　邹忠，张红亮，陆宏军．铝电解过程中氧化铝浓度的控制．矿冶工程，2004，24（5）：49 ~ 52

137　戚喜全．铝电解过程中氧化铝浓度监控．轻金属，2003（3）32 ~ 34

138　曾水平，张秋萍，赵国鑫．铝电解槽氧化铝浓度的模糊控制．冶金自动化，2001（5）：9 ~ 11

139　徐阳．模糊控制技术在铝电解槽控制的应用．轻金属，2003（10）：28 ~ 30

140　沈宁．我国铝电解氧化铝浓度控制的进展．轻金属，1998（6）：25 ~ 31

141　张金平等．新型铝电解槽控制系统．冶金自动化，2000（1）：12 ~ 14

142　杨振海等．中国铝电解槽计算机控制技术发展的回顾与展望．东北大学学报，1999，20（3）：283 ~ 285

143 Daniel W, Maria S K, Welch B J et al. Aspects of Alumina control In Aluminium Reduction cells. Light Metals, 2004: 240 ~ 255

144 Tabereaux A T. Anode Effects and PFC Emission Rates. Proc. 8th Austa. Al

145 Tabereaux A T, Richards N E, Satchel C E. Composition of Reduction Cell Anode Gas during Normal Conditions and Anode Effects. Light Metals, 1995: 325 ~ 333

146 U. S. Department of State, Climate Action Report: Submission of the United States to the Framework Convention on Climate Change, Washington D. C: U. S. Government Printing Office, 1999. 7

147 Metson J B, Haverkamp R G, Hyland M M et al. The anode effect revisited. Light Metals, 2002

148 Vogt H, Thonstad J. The complex mechanisms inducing anode effects in aluminium electrolysis. Light Metals, 2002

149 Vogt H, Thonstad J. The voltage of alumina reduction cells prior to anode effect. J. Appl. Electrochem

150 Happin W, Edward J S. Aiming for Zero Anode Effects. Light Metals, 2001

151 Taracy G P. Current Efficiency Improvements and Optimization. Lecture Presented at the TMS Aluminum Electrolysis Course, 1999 (9): 20 ~ 24

152 Biedler P, Banta L, Dai C X et al. Development of a State Observer for an Aluminum Reduction Cell. Light Metals, 2002 (From CD-ROM)

153 Shcherbinin S A, Barantsev A G, Buzunov V Y et al, Computer-aided System for Pre-set Voltage Control. Light Metals, 2002 (From CD-ROM)

154 Drengstig T, Kolas S, Store T. the Impact of Varying Conductivity on the Control of Aluminum Electrolysis Cells. Light Metals, 2002 (From CD-ROM)

155 Banta L, Biedler P, Dai C X et al. Decomposition of Aluminum Cell Voltage Signals. Light Metals, 2002 (From CD-ROM)

156 Berezin A I, Polyakov P V, Rodnov O O et al. FMEA-based Expert System for Electrolysis Diagnosis. Light Metals, 2005: 429 ~ 434

157 Yurkov V, Mann V. A Simple Dynamic Real time Model for Aluminum Reduction Cell Control System. Light Metals, 2005: 425 ~ 428

158 Haupin W E. Interpreting the component of cell voltage. Light Metals, 1998: 531 ~ 537

159 Iffert M, Maria S K, Welch B J. Challenges in Mass Balance Control. Light Metals, 2005: 385 ~ 391

160 Daniel W, Maria S K, Welch B J. Fiona Stevens McFadden. Aspects of Alumina control in Aluminum Reduction cells. Light Metals, 2004: 240 ~ 255

161 任必军等．伊川电力集团300kA电解槽综合控制技术鉴定材料（内部资料）．2006

162 戚喜全．电解槽电解质温度控制．《轻金属》特刊：140 ~ 142

163 沈阳铝镁设计研究院．伊川铝厂300kA电解铝工程技术设计（内部资料）．2001，4

164 邱竹贤．铝电解原理与应用．徐州：中国矿业大学出版社，1998

165 Taylor M P, Welch B J. Achieving High Performance Smelter Cell Design，中新丹铝电解技术和应用研讨会，2003（10）：28～31

166 Kvande H. Current Efficient of Aluminum Reduction Cells. Light Metals，1989：261～268

167 Tabereaux A T et al. Lithium-Modified Low Ratio Electrolyte Chemistry for Improved Performance in Modern Reduction Cells. Light Metals，1993：221～226

168 Welch B J. The Operation of Modern Pre-baked anode cells. 中新丹铝电解技术和应用研讨会，2003（10）：28～31

169 Verstreken P，White P，Heraeus Electro-Nite et al. A new process control strategy for aluminum electrolysis using superheat sensors. Proceedings 6th Aust Al Smelting Workshop，1998

170 Drengstig T. On process model representation and AlF_3 dynamics of aluminum electrolysis cells. Dr. ing. Thesis.，Dept. of Eng. Cybernetics. Norwegian University of Science and Technology. Trondheim. Norway，1997

171 Taylor M P. Static & dynamic energy balance in reduction cells. The 11th international course on process metallurgy of aluminum. Trondheim，Norway，1992

172 Welch B J. Thermochemistry of smelting electrolyte and cell operation. 17th Int. Course on Process Metallurgy of Aluminum. Trondheim，Norway，1998

173 Grjothein K，Krohn C，Malinovsky M et al. Aluminum electrolysis. Fundamentals of the Hall-Héroult process. 2nd ed. Aluminum Verlag，Düsseldorf，1982

174 Sorlie M，Øye H. Cathodes in aluminum electrolysis. 2nd ed. Aluminium Verlag，Düsseldorf，1994

175 Grjotheim K，Welch B J. Aluminum smelter technology. 2nd ed. Aluminum Verlag，Dûsseldorf，1988

176 Solheim A，Rolseth S，Skybakmoen E et al. Liquidus temperature and alumina solubility in the system Na_3AlF_6-AlF_3-LiF-CaF_2-MgF_2. Light Metals，1995：451

177 Kloetstra K R，Benninghoff S，Stam M A et al. Proceedings 7th Australasian Aluminum Smelting Workshop，2001：506～514

178 Entner P M. Light Metals，1995：227～230

179 Meghlaoui A，Aljabri N. Light Metals，2003：425～429

180 Verstreken P，White P. A New Process Control Strategy for aluminum Electrolysis using superheat sensors. Proceedings of the 6th Aust Al Smelting Workshop，1998：131～142

181 Rieck T，Iffert M，White P et al. Light Metals，2003：449～456

182 Stam M A，Kloetstra R. Development of an advanced process control strategy at Aluminum DELFZIJL. Proc 8th Aust. Al Smelting workshop，2004

183 Welch B J. The Impact of Changes in cell heat Balance and Operations on the Electrolyte Composition. 6th Australasian Aluminum Cell Dynamics，2000：191～204

184 Fiona J. Stevens McFadden. Energy Balance and Cell Dynamics：Considerations for Cell De-

sign, Operations and Process Control. Proceedings 6th Aust. Al Smelting workshop, 1998

185 Purdie J. The effect of feeder design on alumina concentration control, 5th Australasian Aluminium Smelter Technology Workshop, 1995: 628 ~ 650

186 Aune F et al. Thermal effects of anode changing in prebake reduction cells. Light Metals, 1996: 429 ~ 435

187 Eika K, Skjeggstad. Heat recovery dynamic process studies. Light Metals, 1993: 277 ~ 284

188 Vogelsang D. Application of process modeling to improve aluminum production. 6th Australasian Aluminum Technology Workshop, 1998

189 Taylor M P et al. Influence of changing process conditions on the heat transfer during the early life of an operating cell. Light Metals, 1983: 437 ~ 447

190 Reverdy M. Computer control of cells. The 16th International Course on the Process Metallurgy of Aluminum, Trondheim, Norway, 1997: 26th ~ 30th

191 Madsen D J. Temperature measurement and control in reduction cells. Light Metals, 1992: 453 ~ 456

192 Broomfield G H. Metallurgy of nickel-base alloy thermocouples - parts Ⅰ and Ⅱ. Metals and Materials, 1987

193 Rolseth S, Verstreken P, Kobbeltvedt O. Liquidus Temperature Determination in Molten Salts. Light Metals, 1998: 359 ~ 366

194 Dewing E W. Liquidus curves for aluminium cell electrolyte. J. Electrochem. Soc. 1970, 117 (6): 781

195 Bullard G L, Przybycien D D. DTA determinations of bath liquidus temperatures: effect of LiF. Light Metals, 1986: 437 ~ 444

196 Peterson R D, Tabereaux A T. Liquidus curves for the cryolite-AlF_3-Al_2O_3 system in aluminum cell electrolytes. Light Metals, 1987. : 383 ~ 388

197 Solheim A, Rolseth S, Skybakmoen E et al. Liquidus temperature for primary crystallization of cryolite in molten salt systems of interest for aluminum electrolysis, Met. and Mater. Trans. B, 1996 (27B): 737 ~ 744

198 Haupin W. The liquidus enigma. Light Metals, 1992: 477 ~ 480

199 Thonstad J, Fellner P, Haarberg G M et al. Aluminium Electrolysis – Fundamental of the Hall-Héroult Process. 3rd Edition. Aluminium-Verlag Düsseldorf, 2001

200 White P, Verstreken P. Development of Sensors for the Primary Aluminum Industry. Aluminum, 2000, 77 (1/2): 70 ~ 75

201 Verstreken P. Employing a New Bath-and Liquidus-Temperature Sensor for Molten Salts. JOM, 1997, 49 (11): 43 ~ 46

202 Verstreken P, Benninghoff S. Bath-and Liquidus Temperature Sensor for Molten Salts. Light Metals, 1996: 437 ~ 444

203 White P, Wai-Poi N, Rolofs B et al. Development and Application of a Novel Sensor for

Combined Measurement of Bath Temperature and Cathode Voltage Drop in Aluminium Cells. Light Metals，2001：1176～1182

204　Taylor M P. Static and dynamic energy balance in reduction cells. 12th International Course on the Process Metallurgy of Aluminum，Trondheim，Norway，1993：24th～28th

205　Kvande H. Bath Properties and Cell Operation Performances. Proceedings of the 6th Aust Al Smelting Workshop，1998：275～288

206　Rieck T，Iffert M，White P et al. Light Metals，2003

207　边友康等.9 区控制（诊断法电解控制）在神火铝电 200kA 电解槽上的应用. 轻金属，2005

208　任必军，戴军. 洛阳豫港龙泉铝业有限公司 300kA 过热度九区控制总结报告.2006

209　Welch B J. 南非过热度应用技术会议，南非，2005

冶金工业出版社部分图书推荐

书　　名	定价(元)
预焙槽炼铝（第3版）	89.00
铝用炭阳极技术	46.00
铝合金阳极氧化工艺技术应用手册	29.00
有色金属资源循环利用	65.00
原铝及其合金的熔炼与铸造	59.00
铝加工技术实用手册	248.00
铜加工技术实用手册	268.00
现代铜湿法冶金	29.50
钨钼冶金	79.00
锆铪冶金	60.00
锆铪及其化合物应用	45.00
电炉炼锌（第2版）	75.00
金银冶金（第2版）	49.00
金银生产与应用知识问答	22.00
氧化铝生产工艺	28.00
氧化铝生产设备	45.00
电解铝生产工艺与设备	29.00
铝酸钠溶液晶种分解	19.50
轻金属冶金学	39.80
有色冶金原理（第2版）	35.00
有色金属冶金学	48.00
有色冶金分析手册	149.00
有色冶金炉设计手册	199.00
湿法冶金污染控制技术	38.00
铝电解炭阳极生产与应用	58.00
湿法冶金手册	298.00